ISBN 978-3-662-31305-3 ISBN 978-3-662-31510-1 (eBook)
DOI 10.1007/978-3-662-31510-1

Referent: Geh. Rat Professor Dr. Anton.

Sonderdruck
aus dem „Archiv für Psychiatrie und Nervenkrankheiten", Bd. 81, Heft 1.

Die letzten, vielfach mit choreiformen Erscheinungen einhergehenden Encephalitisepidemien, die zuerst 1915, 1916 in der Zeit der „spanischen" Grippe-Epidemie beobachtet wurden, und die auch wahrscheinlich mit ihr in einem kausalen Zusammenhang steht, haben unsere Kenntnisse über die extrapyramidalen motorischen Funktionen und ihren Ausfall ganz wesentlich gefördert.

Das mannigfaltige Bild von Krankheitserscheinungen, das die Encephalitis, besonders in bezug auf Bewegungsstörungen aufweist, hat mehrfach zu berechtigtem Zweifel: ob Encephalitis epidemica oder Chorea minor, Anlaß gegeben.

An Hand der überaus reichen Literatur und der 92 Krankengeschichten, davon entfallen 79 auf Chorea minor, 3 auf Chorea gravidarum und 10 auf Chorea Huntington, die mir von Herrn Geheimrat Prof. Dr. *Anton*, Vorstand der Klinik für Nerven- und Geisteskrankheiten der Universität Halle a. S., gütigst zur Verfügung gestellt wurden, möchte ich im folgenden einen Überblick über die choreatischen Erkrankungen und ihre Behandlung, besonders mit der *Pregl*schen Jodlösung, geben, unter Berücksichtigung der Encephalitis epidemica soweit sie uns in differentialdiagnostischer Beziehung interessiert.

Wenn wir von Chorea hören, so stellen wir uns ein Krankheitsbild vor, das sich durch eine bestimmte Form unwillkürlicher, mangelhaft koordinierter, rasch ablaufender, sich zum größten Teile über die ganze Körpermuskulatur erstreckender Bewegungen, die durch Affekt gesteigert werden, und willkürlich nicht unterdrückt werden können, die aber durch den Willen derart zu beeinflussen sind, daß es zu Bewegungen kommt, die den choreatischen Charakter verloren haben. Im Schlafe sistieren diese Bewegungsstörungen meistens.

Die Chorea beruht nach *Anton*[2]) auf einer isolierten Erkrankung des Striatums, bzw. der durch den Ausfall der Striatumfunktion bedingten Enthemmung der Tätigkeit des Pallidums.

Als erster Vertreter der choreatischen Erkrankungen ist die Chorea minor, auch Chorea Sydenhami, nach dem englischen Arzt *Sydenham* (1624—1689) benannt, zu nennen. Wir wissen, daß sie rein infektiöser Natur ist, obgleich wir die krankheitserregende Ursache nicht kennen. Aus Blutausstrichen hat man immer wieder versucht, an toten, wie an lebenden Objekten dieser unbekannten Noxe habhaft zu werden. *Cramer* und *Többen* züchteten zuerst aus dem Blute eines Choreakranken Staphylokokken, wobei dieser Fall zur Heilung kam.

In neuester Zeit will *Schuster*[73]) in 3 von 4 Fällen in vivo, den Staphylococcus pyogenes aureus aus der Blutbahn gezüchtet haben, bei Individuen, die daran gestorben sind; alle 4 Fälle ergaben bei der Autopsie Endokarditis der Mitralklappen, ferner mikroskopisch die Capillaren der Zentralwindungen der Thalami, Bindearme, roten Kerne mit Kokken vollgefüllt, so daß Nekrose der Capillarwände entstand. — Auch Streptokokken wurden wiederholt aus dem Blute choreatisch Erkrankter gezüchtet, und *Heubner* gelang es zuerst, mit einem Bakteriengemisch von Streptokokken und Staphylokokken aus dem Blute von Choreatischen bei Überimpfung dieser Kulturen auf Kaninchen Gelenkschwellung hervorzurufen.

Auch *Rosenow*[66a]) berichtet neuerdings über seine experimentellen Versuche von Überimpfungen des ausgepreßten Tonsilleneiters 4 Choreatischer auf 32 Kaninchen und Hunden. Hierbei sollen bis zu einem gewissen Prozentsatz die anatomischen Befunde in ihrer Lokalisation und Art denen der beim Menschen notierten geglichen haben und hauptsächlich in der Nähe motorischer Zentren oder Bahnen im Großhirn, Mittelhirn und Kleinhirn. Auch zeigten die Herzklappen-Veränderungen das gleiche Bild wie bei der Chorea.

Bei zwei Hunden sollen sich nach Überimpfungen sogar choreatische Bewegungsstörungen gezeigt haben. Daß die motorischen Symptome wirklich denen der menschlichen Symptome entsprachen, findet jedoch nicht volle Befriedigung. Aus allen diesen Versuchen kann man wohl annehmen, daß die Chorea minor mit vielen Infektionskrankheiten in irgendeiner Beziehung steht.

In der Tat spielen laut Literaturangabe besonders der Gelenkrheumatismus und andere Infektionskrankheiten bei der Chorea Sydenhami eine sehr gewichtige Rolle. Von den 82 an Chorea minor erkrankten Individuen, die in den letzten 10 Jahren in der hiesigen Nervenklinik Aufnahme fanden, haben 16% laut Anamnese keine Infektionskrankheiten vorher durchgemacht. Von den 84% dagegen waren laut Angabe erkrankt:

12% an Gelenkrheumatismus + 4 Endokarditis + 3 kompensierter Herzfehler (Mitralinsuffizienz),

6% Angina,	30% Masern,
5% Grippe,	10% Diphtherie,
5% Lungenentzündung,	10% Scharlach,
5% Rachitis,	1% Keuchhusten.

In ca. 25% aller Fälle traten die Krankheiten, besonders Masern mit Scharlach und Diphtherie kombiniert auf.

Daß der Syphilis und auch insbesondere Nervenleiden der Voreltern, wie man wohl ganz früher annahm, bei der Chorea minor eine Bedeutung zukäme, konnte ich aus der jüngeren Literatur wie aus den von mir durchgearbeiteten Krankenberichten keinesfalls feststellen; nur *Babonneix*[3]) berichtete kürzlich, daß nach seiner Erfahrung die hereditäre Lues eine ätiologische Rolle bei der Chorea spielte.

Von der Chorea minor wird hauptsächlich das Kindes- und Jugendalter befallen. Während das Säuglingsalter verschont bleibt, ist die Chorea Sydenhami — jedoch sehr vereinzelt — noch bis zum hohen Senium anzutreffen.

Die Angaben über das am meisten bevorzugte Alter schwanken ein wenig in der Literatur. *Wollenberg* gibt das 9.—11. Lebensalter als besonders bevorzugt an. *Oppenheim*[59]) das 6.—10., *Salomon*[69]) das 10.—12. Von meinen 82 Fällen erkrankten:

22 Patienten zwischen 5 und 10 Jahren,
38 Patienten zwischen 11 und 16 Jahren,
20 Patienten zwischen 17 und 24 Jahren,
1 Patient erkrankte mit 39 Jahren,
1 Patient erkrankte mit 44 Jahren.

Fassen wir die Resultate sämtlicher Autoren zusammen, so ergibt sich die überaus stark hervorspringende Beteiligung des *Prä- und Pubertätsalters*. Dabei erfolgt der Ausbruch der Chorea minor nach meiner Statistik besonders häufig im Oktober, Dezember, Januar und Februar. Auf die anderen Monate verteilen sich die Zahlen ziemlich gleichmäßig. Aus der vorliegenden Literatur geht auch hervor, daß der Krankheitsbeginn vorwiegend in den Wintermonaten erfolgt.

Prüfen wir nun auf Grund der vorliegenden Literatur, welches Geschlecht am meisten von der Chorea Sydenhami befallen wird, so finden wir mit großer Mehrheit angegeben, daß auf das männliche Geschlecht ⅓, während auf das weibliche ⅔ aller Erkrankungen entfallen. Meine Resultate stützen im großen und ganzen diese Angaben. Ich fand folgende Zahlen: Unter 82 Individuen befanden sich 49 weiblichen, 33 männlichen Geschlechtes, und zwar wächst mit zunehmendem Alter — vom Pubertätsalter aufwärts gerechnet — der Prozentsatz des weiblichen Geschlechtes.

Aus der Literatur geht einstimmig hervor, daß anämische reizbare, zarte Individuen besonders disponiert sind. Die neuropathische Anlage steigert die Empfindlichkeit, und es ist nicht so überaus selten, daß, abgesehen von der Chorea hysterica, Hysterie und Chorea vereint auftreten.

Ferner sind schon seit langem Beziehungen zur Pubertät bekannt, auch nimmt man an, daß die choreatischen Bewegungsstörungen neben der unbekannten, kreisenden Noxe auf Störungen der inneren Sekretion beruhen.

Salomon[69]) stützt sich in bezug auf die Entstehung der choreatischen Bewegungsstörungen auf die Beobachtungen Homburgers[37]). Letzterer berichtet über die Veränderung der Motorik in der Pubertät, die vielfach eine krisenhafte Veränderung zeigt, wobei es zu choreiformen Bewegungsstörungen, zu Luxusbewegungen kommt.

Diese Erscheinungen im Pubertätsalter führen auf das Mißverhältnis zurück, daß infolge zu schnellen Wachtums die nervösen Apparate nicht mehr Herr der Lage sind, so daß eine gewisse Enthemmung entsteht; dabei soll auch eine innersekretorische Störung der subcorticalen Zentren bestehen. Nach Salomon[69]) haben wir es mit einem zunächst physiologischen Prozeß zu tun, der durch die toxische Schädigung eine abnorme Steigerung erfährt.

Aus dieser krisenhaften Veränderung der Motorik, die beim Knaben allmählich, beim Mädchen schneller vonstatten geht, entwickelt sich die endgültige Bewegungsgestalt der Erwachsenen.

Dadurch, daß diese Vorgänge sich beim weiblichen Geschlecht in der kürzeren Zeit sicher „intensiver" abspielen, soll nach Salomon das weibliche Geschlecht von der Chorea minor häufiger befallen werden. Aus der Literatur wie aus dem von mir bearbeiteten Material der Nervenklinik geht unzweifelhaft hervor, daß mit dem höheren Alter — weit über das Pubertätsalter hinaus —, wo die Motorik schon als abgeschlossen zu betrachten ist, der Prozentsatz der Erkrankungen des weiblichen Geschlechtes stark zunimmt. Auf Grund dieser bestehenden Tatsache kann die „intensivere" Veränderung der Motorik in der Pubertätszeit nach Salomon nicht allein die Ursache sein, weshalb das weibliche Geschlecht von der Chorea minor bevorzugt wird, vielmehr spielt nach meiner Ansicht die größere Vulnerabilität des weiblichen Plasmas, d. h. die größere physiologische Verwundbarkeit, wie sie sich in den physiologischen Prozessen der Menstruation, der Defloration und der Geburt ausspricht, bei diesen, uns noch immer dunklen Geschehnissen eine gewisse Rolle. Man denke auch an die unehelich Geschwängerten: In was für Angstzuständen sie mitunter sich befinden: Sorgen der Ernährung und des Gebrandmarktwerdens von der Öffentlichkeit usw.

Die Chorea entwickelt sich, wie aus der Literatur und meiner Statistik ersichtlich, vielfach ohne jede äußere Ursache, ganz allmählich, wobei sie durch irgendeine Gemütsbewegung, unter denen ja die jungen Mädchen, besonders in dem 11.—16. Lebensjahr zu leiden haben, ausgelöst wird. Auch möchte ich auf die Nachahmungen in den Pensionaten hinweisen, aus denen schon die echte Chorea minor resultieren kann. Man könnte fast annehmen, daß die unbekannte Noxe durch einen besonderen Affekt virulent gemacht werden kann.

Der Typus der choreatischen Bewegungsstörungen ist ein durchaus charakteristischer. Er setzt sich zusammen aus der choreatischen Spontanbewegung und der choreatischen Koordinationsstörung. Ferner ist die ausgesprochene Hypotonie, die mitunter mit Erlöschen des Sehnenreflexes einhergehen kann, charakteristisch.

Ganz allmählich setzen die Bewegungsstörungen ein. Ihre Ausdehnung auf den Körper ist sehr wechselnd. Zum größten Teile findet man, daß sie an einer Seite beginnen und sich dann auf die andere Seite erstrecken. Bleibt sie einseitig, so sprechen wir von einer Hemichorea. *Wollenberg* u. a. haben Fälle beschrieben, wonach die Beteiligung beider Seiten ungleich erfolgt ist.

Die Bewegungsstörungen entwickeln sich aus unmerklichen Anfängen heraus. Die betroffenen Individuen zeichnen sich zunächst durch eine deutlich erkennbare Unruhe, Reizbarkeit, Launenhaftigkeit und Zerstreutheit aus. Sie werden zappelig und fahrig. Das Leiden schreitet fort, so daß bald ein buntes Durcheinander in den Muskelbewegungen, das deutlich die Zwecklosigkeit und den steten Wechsel der Bewegungsform und Richtung erkennen läßt, auftritt. Es treten hampelmannartige Erscheinungen am ganzen Körper auf, die zu den wildesten Jaktationen ausarten können, so daß der Patient nicht im Bett bleiben kann, vielmehr herausgeschleudert wird. Grimassieren, unruhiger Blickwechsel und Strabismus können auftreten, Schmatzen, Schnalzen mit der Zunge, Störungen der Respirations- und Schluckmuskulatur werden beobachtet. Auch die Sprache kann gestört sein.

Außer diesem choreatischen Syndrom nach *Stertz*[78]) bestehen noch zwei weitere Syndrome beim extrapyramidalen Symptomenkomplex, die *Stertz* beschrieb:
1. das akinetisch-hypertonische,
2. das athetotische;

beide müssen deshalb kurz behandelt werden, weil sie vielfach ineinander übergehen können und kombiniert vorkommen, besonders das athetotische und das choreatische Syndrom.

Beim akinetisch-hypertonischen Syndrom oder Parkinsonsyndrom haben wir Rigidität der Muskulatur. Prädilektionsgegend ist die Nackenmuskulatur. Bei passiven Bewegungen haben wir einen gleichmäßigen teigigen, oft sakkardierenden Widerstand. Mitunter besteht keine Rigidität, es tritt eine eigenartige Innervationsstörung auf, eine Adiadochokinese zeigt sich. Charakteristisch ist die starre und steife, nach vorn gebeugte Haltung des Kopfes und Rumpfes, ferner der starre, leere, maskenartige Gesichtsausdruck. Infolge mangelhafter automatischer Erschlaffung der Antagonisten wird die Wirkung der Agonisten gehemmt. Der Gang gestaltet sich wie die Haltung, wobei es häufig zu Pro- und Retropulsionen kommt. Vielfach tritt ein Tremor ein. In der Ruhe fehlt der erhöhte Muskeltonus.

Die athetotischen Bewegungsstörungen bestehen in langsamem Ab- und Adduzieren, Beugen und Strecken der Gliedmaßen, der Finger und Zehen besonders, wobei es sehr häufig zu Überstreckungen der Zehen und Finger kommt. *Bing*[9]) vergleicht diese Bewegungen mit denen der Tintenfische, während *Förster*[24]) geneigt ist, das athetotische Bewegungsspiel mit den Kletterbewegungen der Affen, sowie den normalen Bewegungen eines neugeborenen Kindes zu vergleichen. Letzterer Ansicht sind auch *C.* und *O. Vogt*[82]). Die unwillkürlichen halb- und doppelseitigen Bewegungen, die dauernd bestehen, sistieren nur im Schlaf. Mitbewegungen bei Athetose kommen auch an Gliedern vor, die für Willkürbewegungen gelähmt sind, bei Chorea minor nie [*Bostroem*[13])]. In gleichen Muskelgruppen wechseln Hypertonie und Hypotonie und wir bekommen dann den Spasmus mobilis. Auch im Gesicht sind die athetotischen Bewegungen wahrnehmbar. Die Bauchlage ist die optimale Lage, hier keine Bewegungen. Bei Rücken- und unbequemen Lagen steigern sich die Bewegungen, auch wirken alle willkürlichen Intensionen krampferhöhend.

Wir sehen also, daß Chorea und Athetose zwei ganz verschiedene Bewegungserscheinungen sind, und dennoch haben die choreatischen Bewegungsformen mitunter einen langsameren gewundenen Typus, der an das Athetotische erinnert. *Stertz*[78]) bezeichnet diesen Typus als Übergangsform aus dem einen in das andere Syndrom und schließt daraus die genetische Verwandtschaft der Chorea mit der Athetose. *Bostroem* dagegen hat klinisch zwei Fälle beschrieben, die weder zur Chorea noch zur Athetose gerechnet werden können, noch eine Übergangsform nach *Stertz* bedeuten; auf sie näher einzugehen, würde zu weit führen.

Nach *Förster*[24]) könnte man die choreatische Bewegungsunruhe als eine in ihre Bausteine zerfallende athetotische auffassen.

Zu erwähnen ist nun noch die myoklonische Zuckung, die der choreatischen sehr ähnlich ist, jedoch mit dem Unterschiede, daß nur ein Muskel zuckt, oder auch nur ein Teil von ihm. Auch eine ganz andere Verteilung erfährt sie. Während die Bauchmuskulatur und einzelne Bauchmuskeln bevorzugt werden, findet man die myoklonischen Zuckungen nie im Gesicht. Diese Bewegungsstörungen, die der Chorea electrica eigen sind, haben mit der Chorea minor nichts zu tun.

Wie schon oben erwähnt, ist die Muskulatur der Choreatischen häufig hypotonisch, schlaff. Das normale Volumen wird beibehalten ebenso die elektrische Erregbarkeit; die motorische Kraft bleibt ebenfalls unverändert, die Reflexbögen sind frei. Lähmungen gehören nicht zum Bilde der Chorea. Bei Patienten, die gelegentlich wegen Lähmungserscheinungen zur Untersuchung kamen, hatte es sich gezeigt, daß es sich um unwillkürliche Bewegungen mit kaum wahrnehmbarer Amplitude handelte, wobei der Muskeltonus besonders große Schlaffheit zeigte. Nach *Förster*[24]) beherrscht hier die Koordinationsstörung das Bild, während die Unruhe gering, wenn überhaupt vorhanden. Vielleicht infolge akzessorischer Miterkrankung des Cerebellums ist der Dehnungswiderstand des Muskels völlig aufgehoben. Man spricht dann von einer Chorea mollis.

Zu Beginn der Chorea minor sind von einigen Autoren leichte Sensibilitätsstörungen gemeldet; auch unter meinen Fällen sah man hie und da Störungen, denen man wohl kaum eine besondere Bedeutung zusprechen kann. Bei der Chorea hysterica hingegen sind ja Hemianästhesien mit sensorischen Störungen sowie konzentrische Gesichtsfeldeinengungen fast an der Tagesordnung. Die Neuritis optica jedoch und das nächtliche Einnässen werden ebenso wie das Irisschlottern (Hippus) nach Angabe der Literatur als zufällige Befunde notiert. Unter meinen Krankengeschichten ist erstere — auf sie komme ich später noch zurück — auch einmal zu finden. — Viele Autoren haben im Blutbild der Choreatischen eine Eosinophilie bestätigt. *Berger*[5]) fand von 40 Fällen 5 ohne Eosinophilie, die sich durchschnittlich auf 7,6% bezifferte, der Höchstprozentsatz betrug 26%. Das große Schwanken der Zahlen konnte er nicht mit dem klinischen Verlauf der Krankheit in Einklang bringen. Er glaubt, daß das Virus Stoffwechsel- bzw. Blutdrüsenstörungen verursacht und diese einerseits die cerebralen Symptome, andererseits die Eosinophilie hervorrufen.

Der Liquorbefund der Choreatischen zeigt außer einer gemäßigten Drucksteigerung keinen besonderen Befund.

Das Allgemeinbefinden ist natürlich bei den Fällen, die mit Fieber und wilden Jaktationen einhergehen, schwer gestört.

Auch ist es ganz verständlich, daß der Kranke unter dem unwillkürlichen Bewegungsspiel, das durch willkürliche Bewegungen noch gesteigert wird, seelisch darunter leidet. Daher sucht er die unwillkürlichen Bewegungen durch willkürliche, besonders wenn er sich beobachtet sieht, zu unterdrücken. Es gelingt ihm jedoch nicht und es findet ein Übereilen der willkürlichen Bewegungen, ein Entgleisen von Zweckbewegungen statt, wodurch die Psyche noch mehr beeinflußt wird. Die Affektäußerungen sind äußerst lebhaft und labil.

Kleist[41]) hingegen ist der Ansicht, daß die psychische Unruhe z. T. eine Folge der motorischen Unruhe ist. An psychischen Störungen finden wir:

Gemütliche Verstimmungen in Form von großer Schreckhaftigkeit und Ängstlichkeit; Unaufmerksamkeit, Vergeßlichkeit, Versagen bei komplizierten assoziativen Leistungen, mitunter auch eine größere

Denkhemmung, die gewisse intellektuelle Ausfallserscheinungen vortäuscht, als wirklich vorhanden sind, ein Mangel, an Spontaneität. Bei schwersten Fällen stellte *Kleist* auch Angstvorstellungen, Rede- und Bewegungsdrang fest. In komplizierten Fällen werden Bewegungserscheinungen aller Art, teils von vermehrter Intensität, teils nach der Seite der akinetischen Komplexe beobachtet. Hierbei wurde eine Bewegungs- und Denkhemmung bemerkt. In allerschwersten Fällen sah man Erregungen, schwerste Wahnbildung und Sinnestäuschungen mit deliranten Symptomen. Ein bemerkenswerter Fall wurde auch hier bemerkt bei Chorea gravidarum. Während Pat. ganz geordnet war, wurde sie von den wildesten Jaktationen befallen; bei der Untersuchung antwortete sie in kurzen, abgerissenen Sätzen, schimpfte über die Eisenbahnfahrt und das schlechte Hallesche Pflaster. Die Jaktationen führten am gleichen Tage der Einlieferung zur Erschöpfung und Exitus.

So sehen wir die Chorea neben den unwillkürlichen Bewegungsstörungen von psychischen Störungen einfachster Art steigernd bis zu den ausgesprochenen Psychosen begleitet. Hierbei kann es zu Depressionszuständen wie maniakalischen Erregungen kommen; auch Verfolgungswahn und Selbstanklagen wurden beobachtet.

Das Auftreten der Chorea während der Schwangerschaft kommt des öfteren vor, vielfach tritt sie als Rezidive im dritten bis fünften Graviditätsmonat auf, sie ist mit den Symptomen und der Genese nach der Chorea minor identisch zu stellen. Der Beweis der Beziehung zur Chorea minor wird durch die Beseitigung der Schwangerschaft geliefert, sei sie natürlich oder unnatürlich hervorgerufen. Bei Beseitigung der Frucht sistieren oft fast plötzlich sämtliche Symptome.

Nach Beobachtungen von *Royston*[67] ist der Eintritt einer Schwangerschaft bei einem bereits choreatischen Individuum nicht unbedingt gefährdet, kann es aber werden. Das Auftreten einer akuten Chorea während der Schwangerschaft dagegen ist immer sehr vorsichtig zu verfolgen. Während bei letzterer die Unterbrechung sofort indiziert ist, soll sie im ersteren Falle nur bei Auftreten schwererer Art indiziert sein.

Diese Beobachtungen glaube ich an Hand von drei Fällen bestätigen zu können.

Fall 1. B. M., 18 Jahre alt, Fürsorgezögling. Aufnahme: 13. VIII. 1916. Pat. wurde mit ungenauer Anamnese — man wußte nichts von einer schon mal durchgemachten Chorea minor — mit schwerster Form von Chorea gravidarum eingeliefert. Es war bekannt, daß der Bräutigam der Patientin plötzlich an die Front rücken mußte. Bevor noch eine genauere Untersuchung stattfand, trat noch in der gleichen Nacht der Exitus letalis ein. Obduktion ergab Gravidität im 6.—7. Monat.

Fall 2. R. S., 21 Jahre alt, Fabrikarbeiterin. Aufnahme am 20. IX. 1917. 2 Jahre vor Aufnahme ein Partus. Ein Jahr später Gelenkrheumatismus mit anschließender Chorea. Beides wurde geheilt. Patientin pflegte wieder geschlechtlichen Verkehr, worauf nach drei Monaten der Gravidität wiederum choreatische Zuckungen auftraten. Patientin wurde in der Klinik mit Arsen, Ruhe, Isolierung im abgedunkelten, kühlen Raume behandelt und ohne Unterbrechung der Schwangerschaft nach 8 Wochen als geheilt entlassen.

Fall 3. G. K., 24 Jahre alt, Klempnersfrau. Aufnahme am 27. X. 1921.

Laut Anamnese seit 10 Jahren Chorea minor, die immer wiederkehrte, so daß Patientin 4 Jahre die Schule versäumen mußte. Mit 22 Jahren hat sie geheiratet. Im 6. Monat der Gravidität erfolgte künstlicher Abort wegen Veitstanz, der im 4. Monat bereits ausgebrochen war. Sie erholte sich damals sehr schnell wieder.

Jetzt befand sie sich — ca. 1 Jahr später — wiederum im dritten Schwangerschaftsmonat, als auch die gleichen Unruhebewegungen wie im Vorjahre begannen, während sie sonst beschwerdefrei war. Diese Patientin wurde außer der üblichen Choreatherapie noch mit der Preglschen-Jodlösung behandelt. Der Erfolg war der, daß sie bereits nach drei Wochen, ohne Unterbrechung der Schwangerschaft, als gebessert entlassen werden konnte. Auf diesen Fall komme ich später noch zu sprechen.

Während sich eine nähere Besprechung dieser ganz kurz geschilderten drei Krankengeschichten erübrigt, möchte ich zum Fall 1 bemerken, daß ich glaube annehmen zu können, daß es sich nicht um ein Chorea-Rezidiv, sondern vielmehr um eine akute, mit wilden Jaktationen einhergehende Chorea gravidarum handelte, wobei Pat. noch sehr geordnet war, die durch die Nachricht: Ihr Bräutigam muß sofort in den Krieg, ausgelöst worden ist.

Obgleich wohl die meisten Autoren gegen die Annahme einer Schwangerschaftsintoxikation als Ursache der Chorea gravidarum sich aussprechen, so auch *Levi*[47]) kürzlich wieder unter Anführung von 2 Fällen, halten *Meurer*[57]) und *Royston*[67]) an dieser Auffassung fest. In diesem Punkte kann ich *Royston* nicht beistimmen. Wohl halte ich es für gesichert, daß die im Blute kreisenden Stoffwechselprodukte der Schwangeren für den Ausbruch der Chorea als begünstigend und auf den Verlauf der Erkrankung von wesentlichem Einfluß sind.

Das Auftreten der Chorea im weit vorgerückten Alter ist möglich, doch äußerst selten. Zum Unterschied von der Chorea Huntington, die später noch besprochen wird, ist für die Chorea seniles unbedingt erforderlich: keine Heredität, Beginn im Senium, chronischer Verlauf evtl. mit Progression sowie Anzeichen einer typischen senilen Demenz.

Während die choreatischen Hyperkinesen bei der Chorea Huntington wie bei der Chorea seniles die gleichen sind, findet man psychisch bei der im Greisenalter auftretenden Chorea die senilen Störungen mehr in den Vordergrund treten.

Die pathologisch-anatomischen Untersuchungen der meisten Autoren — auf diese Besprechung muß ich in differentialdiagnostischer Hinsicht schon hier eingehen — stimmen bei der Chorea Huntington insofern überein, als man bei ihr neben einer Striatumerkrankung — Status fibrosus nach *C. Vogt* (das stark geschrumpfte Striatum erscheint, durch elektive Nekrose der Ganglienzellen und feinster Nervenfasern durch Näherrücken der groben Markfasern, anormal faserreich) — auch eine Beteiligung der Hirnrinde, besonders in der dritten und vierten Schicht degenerativer Art feststellt. Anders bei der Chorea seniles. Während *C.* und *O. Vogt*[82]) und ihr Mitarbeiter *Bielschowsky*[7]) insgesamt an 5 Fällen eine reine chronische Striatumerkrankung unter dem Status fibrosus für erwiesen erachtete — unter teilweiser Miterkrankung des Pallidums und Corpus luysi — zeigt *Levi*[43]) an drei Fällen ebenfalls Rindenveränderungen in ähnlicher Weise wie die obigen Autoren. *Levis* Resultate lauten:

1. Keine morphologischen Veränderungen des Linsenkernes,
2. Zellausfall nie so stark im Striatum wie bei Chorea Huntington,
3. Die Anordnung des Zellausfalles ist mehr herdförmig, während diffus bei der Chorea Huntington. Die reparatorische Gliawucherung geht mit der Bildung rein faseriger Narben einher, während bei Chorea Huntington das Astrocytenstadium beliebig lange bestehen bleibt. Globus pallidus zeigt hier gegenüber der hereditären Chorea keinerlei Veränderungen.

Auch *Jakob*[33b]) und *Leyser*[48]) haben je einen Fall von Chorea seniles klinisch beschrieben. Nach Ausführungen *Jakobs* soll sein Fall auch anatomisch sichergestellt sein. Die Erkrankung setzte im Senium ein mit seniler Verwirrtheit und Tremor und führte dann zur ausgesprochenen Chorea. Zum Schlusse kam es im letzten Jahre zu Beugecontracturen beider Beine.

Während makroskopisch anatomisch-pathologisch keine Atrophie der Stammganglien sichtbar war, zeigten sich mikroskopisch schwere ausgesprochene senile Rindenprozesse. Striatum, Dentatum und Pallidum — letzteres weniger stark — wiesen Verfettungen auf. Die kleinen Striatumzellen zeigten sich besonders stark degeneriert. Das Striatum ließ im Markscheidenbilde keinen Status fibrosus nach *C. Vogt* erkennen. Das Pallidum zeigte einen mäßigen Verlust an feineren Fasern.

Leysers Fall scheint klinisch für Chorea seniles zutreffend: 47 Jahre alte Frau erkrankte plötzlich an Chorea, die mit Dementia seniles vergesellschaftet war. Die Krankheit schritt allmählich fort, so daß bald Berufsunfähigkeit eintrat. Der klinische Befund zeigte hochgradige choreatische Unruhe des gesamten Körpers mit Sprach- und Haltungsstörungen, ohne ausgesprochene Hypotonie, ferner eine partielle amnestische Aphasie, Agrammatismus, Alexie, Perseveration und dazu Merk- und Gedächtnisschwäche, allgemeine Abnahme der Intelligenz, egozentrische Einengung ohne delirante Züge. Der autoptische Befund hingegen konnte jedoch nicht als für Chorea seniles charakteristisch angesehen werden (*Levy*).

Peter[61]) berichtet ebenfalls über zwei senile Choreafälle, von denen sich der eine Fall — Fall Schmitz — nachträglich als hereditär erwies.

Fall Kobel zeigte 1½ Jahre vor dem Tode beginnende, langsam fortschreitende Chorea, geringe psychische Veränderung ohne charakteristische Färbung, eher noch im Sinne einer beginnenden senilen Demenz. Weiterhin zeigten sich Erregungszustände, mißtrauisches und gereiztes Verhalten der Umgebung gegenüber.

Der hereditäre Fall Schmitz verlief ganz ähnlich, nur betrug die Krankheitsdauer 10 Jahre. Die choreatischen Störungen waren erheblich am ganzen Rumpf. Ein Jahr vor dem Tode trat psychische Veränderung im Sinne einer senilen Demenz auf, Hilflosigkeit und Pflegebedürftigkeit.

Aus dem anatomisch-pathologischen Befund beider Fälle — dabei möchte ich noch hinzufügen, daß *Peter* Fall Kobel mit Arteriosklerose kombiniert annimmt — ist ersichtlich, daß es sich vorwiegend um eine *Striatumveränderung* handelt. Während im Falle Kobel Rinde und besonders im Striatum ein degenerativer Verfall der kleinen Nervenzellen mit progressiver Gliatätigkeit, sowie einfache atrophische Veränderungen an den Nervenzellen des Pallidums sich zeigte, erwies Fall Schmitz — 10 jährige Krankheitsdauer — eine Gesamtatrophie der Großhirnrinde mit reparatorischer Gliawucherung, sowie Status fibrosus im Striatum und Pallidum und völligen Ausfall der kleinen Nervenzellen des Striatums und degenerative Veränderungen an den großen Ganglienzellen des Striatums und an den Nervenzellen des Pallidums.

Auf Grund dieser Befunde, wobei *Peter* wohl berechtigt sein kann, anzunehmen, daß es sich um gleiche, bloß zeitlich verschiedene Prozesse handelt, kommt er zu dem Schluß: Man könne klinisch wie anatomisch-pathologisch die Chorea seniles von der hereditären nicht strikte trennen, zumal die Heredität nicht immer nachweisbar ist.

Aus diesem angeführten Material kommt so recht zum Vorschein, wie verschieden die Meinungen der einzelnen Autoren in der Frage der Chorea seniles sind und es wird noch weiterer Erfahrungen bedürfen, um in dieser Frage das entscheidende Wort sprechen zu können.

Schließlich sei noch die Chorea erwähnt, die bei Arteriosklerose mitunter beobachtet wird; ferner die prae- und post-hemiplegische Chorea, die als Vorläufer oder als Folgezustand eines Schlaganfalles durch Gehirnblutungen zuweilen beobachtet wird. Die Abart der Chorea betrifft nur die gegenüber liegende Seite und wird als Hemichorea bezeichnet. Die einseitig betroffenen Extremitäten zeigen lebhafte, zappelnde oder schüttelnde Bewegungen (Hemiballismus), die im Schlafe sistieren, willkürlich aber nicht unterdrückt werden können, im Gegenteil durch solchen Versuch noch gesteigert werden.

Daß die Chorea mit Psychosen und Hysterie vergesellschaftet sein kann, darauf habe ich schon kurz hingewiesen. Aus letzterer hat man auch schon die echte Chorea entstehen sehen. Daneben ist natürlich eine Chorea hysterica möglich, die sich jedoch durch die Stigmata der Hysterie: rhythmische Bewegungsstörungen, wobei die „Zweckmäßigkeit" der unzweckmäßigen Bewegungsformen zu erkennen ist, durch die Sensibilitätsstörungen, Hemianästhesien usw. unterscheiden; es ist allerdings auch eine arhythmische Molititätsstörung beschrieben worden.

Doch wie auch aus meiner eingangs kurz dargestellten Statistik zu entnehmen ist, sind die Endokarditiden, die jedoch einesteils und meistens leichterer Natur — sie gehen ohne Folgen in der Regel zurück — sind, andererseits aber in vereinzelten Fällen Thrombose der Gehirnarterien mit ihren unausbleiblichen Folgen verursachen können, nicht außer acht zu lassen.

Das Vitium cordis — meistens Mitralisinsuffizienz spielt ebenfalls eine ziemliche Rolle bei der Chorea minor. Selbstverständlich sind bei den häufig vorhandenen Anämien die anorganischen und organischen Herzgeräusche scharf voneinander bei der Diagnose Herzfehler zu trennen.

Abgesehen von den häufigen Rezidiven ist der Verlauf der Chorea minor ein durchaus guter. Die Durchschnittsdauer der Krankheit betrug nach der bisherigen üblichen Choreatherapie: Arsen, Brom, absolute Ruhe, Isolierung usw. ca. 8—10 Wochen. In der hiesigen Nervenklinik wurden mit der *Pregl*schen Jodtherapie viel günstigere Erfolge erzielt — durchschnittlich 4—6 Wochen, bei ziemlich schweren Fällen, die mit Jaktation einhergingen. Von 82 Fällen unserer Nervenklinik rezidivierten 25%, darunter 2 Fälle zweimal, während drei Fälle dreimal wiederkehrten.

Die Prognose ist bei Kindern als günstig zu bezeichnen. Heilung bildet zumeist die Regel. Aus meinem Material habe ich zwei Todesfälle zu verzeichnen. Hierbei war bei einem Falle die Chorea minor mit Pneumonie, Pleuritis, Perikarditis, sowie mit Herzfehler vergesellschaftet. Die Autopsie bestätigte zweifelsfrei, daß der Exitus durch die Zerstörung der Lungen und durch Herzschwäche: trübe Schwellung, staubförmige Trübung der Herzmuskulatur hervorgerufen sein mußte, wenn auch die choreatischen Erscheinungen auf den unglücklichen Ausgang nicht ohne Einfluß gewesen sein möchten. Im anderen Falle handelte es sich um Chorea mit scharlachartigen Exanthemen, die ja laut Literaturangabe (*Rahmaninow*) stets prognostisch ungünstig zu bewerten ist. Patientin war 37 Jahre alt. Zwei Tage vor Ausbruch eines typischen Scharlachexanthems kam es zu Schüttelfrost und Temperaturanstieg. Dabei steigerte sich die choreatische Unruhe bis zu krampfhaften Verrenkungen des ganzen Rumpfes, der jeder Arznei, auch Scopolamin und Luminal trotzte. Die Temperatur wurde septisch, die Prostration ging in Agonie über und endete mit dem Exitus letalis. Obduktion wurde nicht ausgeführt.

Außerdem ist zu erwähnen, daß in Ausnahmefällen, bei schwersten Muskelzuckungen, wo Nahrungsaufnahme und Schlaf unmöglich sind, der Erschöpfungstod eintritt. Weiterhin sind die Fälle zu berücksichtigen, die durch Endokarditis und Vitium cordis zum Exitus kommen. Auch sei durch die Infektionen und ihre Folgen aufmerksam gemacht, die durch Verletzung entstehen können. Durch alle diese Eventualitäten wird die Prognose natürlich beeinflußt.

Bezüglich der Prognose bei Chorea gravidarum ist schon erwähnt worden, daß größte Vorsicht am Platze ist. Rezidive sind günstiger zu beurteilen als akut auftretende Fälle. Bei letzteren ist meistens die Entfernung der Frucht notwendig. Immerhin beträgt die Mortalitätsziffer bei der Chorea gravidarum 25%, besonders wenn Komplikationen und Psychosen auftreten. Ist die Frucht entfernt, tritt eine Heilung oft sofort ein. Plötzliches Sistieren der Bewegungsstörungen soll als ein bedrohliches Zeichen gelten.

Die Rezidive, die in den meisten Fällen bei der Chorea minor keine besonderen Schwierigkeiten machen, können mitunter so schnell aufeinander folgen, daß man von einer chronischen intermittierenden Chorea sprechen kann, wie auch ich über einen derartigen Fall berichten kann.

Es handelt sich da um eine 15 jährige Patientin — normale Geburt und Schwangerschaft — die zur rechten Zeit gehen und sprechen gelernt hat. Sie machte mit 7 Jahren Diphtherie durch und zeigte mit 10 Jahren, im Februar 1920, zuerst choreatische Bewegungsunruhen, die in der medizinischen Klinik erfolglos behandelt wurden. — Ab 18. VII. 1921 bis 24. XII. 1921 in der Nervenklinik. Patientin wurde hier als geheilt entlassen. Ostern desselben Jahres traten die gleichen Erscheinungen wie im Februar 1920 auf, nahmen an Stärke zu, so daß Patientin am 21. X. 1922 in der hiesigen Nervenklinik wiederum Aufnahme finden mußte. Sie wurde am 16. XII. 1922 ebenfalls als geheit entlassen. Zu Ostern die gleiche Sache wie im Vorjahre. Sie wurde abermals am 18. X. 1923 aufgenommen. Die Entlassung als geheilt erfolgte am 5. I. 1924. Dieses Mal erschien sie schon wieder nach drei Wochen Genesung am 22. I. und wurde endgültig am 2. V. 1925 als geheilt entlassen mit einem Vitium cordis. Seit dieser Zeit hat sich kein Rezidiv mehr gezeigt. Demnach dürfte hier die Ansicht *Lewandowskis*[42]), wonach es selbst bei Fällen von langer Dauer und häufigen Rezidiven zur völligen Heilung kommt, dann, wenn die Chorea in der Kindheit begonnen hat, bestätigt sein. Selbstverständlich wird ein Vitium cordis nie zur Ausheilung kommen. Anders jedoch, wenn die Erkrankung in der zweiten Hälfte des Lebens sich entwickelt. Bei letzterer haben wir eine chronische Form, die das Individuum durchs ganze Leben begleitet. Wir sprechen dann von einer stationären Erkrankung.

Die Differentialdiagnose der Chorea minor macht in mancher Hinsicht gewisse Schwierigkeiten. Symptomatologisch kommt Chorea vor bei Herderkrankungen und bei diffusen Gehirnschädigungen. Diese Herde befinden sich zum Teil in der Bindearmbahn, zum Teil in verschiedenen Gebieten der Zentralganglien. *Globus*[30]) hat einen interessanten Fall beschrieben, der klinisch als choreatische Form der Encephalitis epidemica aufgefaßt wurde. Die Diagnose lautete: ,,Erregungszustand mit Chorea und Parakinesen bei fieberhafter Allgemeinerkrankung." Die anatomische und bakteriologische Untersuchung ergab: Schwere diphtherische Allgemeininfektion mit positivem Diphtheriebacillenbefund im Liquor, die schwersten anatomischen Parenchymveränderungen beschränken sich *hauptsächlich* auf das *Striatum*.

Tumoren der Stammganglien bringen die striären motorischen Syndrome selten rein zum Ausdruck, weil schon früh ein mehr oder weniger starker Druck auf die innere Kapsel ebenfalls ausgeübt wird und durch ihre Schädigung die striäre Motilitätsstörung versteckt bleibt.

Bei genauer Kenntnis der Ätiologie sowie Alter stößt man hier weniger auf Schwierigkeiten. Nicht so ganz einfach ist's bei der von Kindheit an bestehenden Chorea, wo eine Verwechslung der choreatisch-athetotischen Bewegungsstörungen mit der cerebralen Kinderlähmung möglich ist. Der Nachweis der Muskelrigidität, das *Babinski*sche Zeichen, die Mitbewegungen sichern indessen die Diagnose.

Früher wurde die Chorea minor oft mit dem Tic-general verwechselt; doch der systematische Charakter der Bewegungen und die langen Ruhepausen lassen auch hier keinen Zweifel mehr bestehen. *Oppenheim*[59]) hat eine Kombination von Tic-general und Chorea beschrieben. Hinsichtlich der Hysterie soll neben den schon angeführten hysterischen Stigmata noch auf das Fehlen der Hypotonie hingewiesen werden. Die größte Schwierigkeit jedoch bereitet uns die Encephalitis epidemica, die vielfach unter dem Bilde einer akut entstehenden mit Jaktationen begleiteten Chorea minor beginnen kann, wie sie *Sterz, Stern, Oemich, Diemitz* u. a. beschrieben haben.

Obgleich die choreatischen Bewegungsstörungen bei der Encephalitis epidemica von noch lebhafterem Charakter sind, besteht keinesfalls ein wesentlicher Unterschied. Hier kommt es auch häufig von den leichtesten Formen bis zu den wildesten Jaktationen, die ein Im-Bett-Liegen sowie ein Gehen und Stehen fast unmöglich machen können. Auch werden die Atemmuskeln häufig von klonischen Zuckungen befallen, so daß der Kranke von einem quälenden Singultus belästigt wird.

Doch bei den Bewegungsstörungen der Encephalitis epidemica handelt es sich meistens um kompliziertere. Zum Unterschied von charakteristischer Chorea und Athetose vermissen wir bei ihnen den bunten Wechsel und das Fehlen der unfreiwilligen Bewegungen; ihre Eigenart besteht vielmehr darin, daß sich hier die choreatisch-athetotischen und myoklonischen Komponenten zusammenfügen zu einer komplexeren Bewegungsform von einheitlichen Charakter, der sich in mehr oder weniger regelmäßigem Rhythmus immer wieder wiederholt. Diese Bewegungsformen nennt *Bostroem* „komplexere Hyperkinesen".

Doch ein viel entscheidenderes Symptom ist die Schlafsucht oder besser gesagt die Schlafstörung. Oft kommt es vor, daß die Schlaflosigkeit die Schlafsucht erst ablöst, mitunter scheint sie auch die einzige Art der Schlafstörung zu sein.

Zu dem kommen manische und katatonische Zustände mit Stupor und Halluzinationen vor, Erregungen mit deliranter Bewußtseinstrübung; es sind sogar Kranke beobachtet worden, die einen paranoiden Symptomenkomplex zeigten.

Die eigentlichen klassischen Symptome der Encephalitis epidemica sind jedoch die Schlafstörung und die Augenmuskellähmungen. Ferner Pupillenstörungen, Beschränkung der Blickrichtung nach beiden Seiten, Nystagmus, Facialisparese, Kopfschmerzen, Fieber und Benommenheit.

Nunmehr wenden wir uns der Chorea hereditaria zu. Sie ist eine Krankheit sui generis und ist als familiäre Unterform der Chorea zu betrachten.

Georg Huntington hat im Jahre 1872 zuerst von der chronisch-progressiven hereditären Chorea einen klaren zusammenfassenden Bericht gegeben und nach ihm wurde sie dann Huntingtonsche Chorea genannt. *Huntington* wies damals schon darauf hin, daß mit dem Fortschreiten der Erkrankung die Intelligenz nachließe und schließlich bis zur völligen Verblödung führe.

Chorea Huntington gehört zu den seltensten beobachteten Krankheitsformen, die sich durch Generationen hindurch fortlebt. Sie ist eine dominant gehende, mendelnde Krankheit. Die Nachkommenschaft derjenigen Familienmitglieder, die nicht von dieser Krankheit ergriffen werden, bleiben für immer frei. In Fällen, wo man sich in bezug auf Vererbung nicht ganz im klaren ist, muß man damit rechnen, daß einer der Eltern vor Ausbruch der Krankheit evtl. frühzeitig gestorben sein kann. Auch die Chorea Huntington ist in den letzten Jahren Mittelpunkt regsten Interesses gewesen und wir haben es vor allem den bedeutsamen Forschungen von *C.* und *O. Vogt*[82]), *Lewy*[43]), *Jakob*[33b]) *Entres*[19]), *Meggendorfer*[55]) usw. zu danken, daß wir in der Erkenntnis dieser Krankheit einen guten Schritt vorwärts gekommen sind.

Während man früher als Beginn der Krankheit das 3.—4. Jahrzehnt annahm, entfallen nach den neuesten Forschungen von *Entres* von 323 Fällen ca. 60% der Krankheitsfälle auf das 31.—45. Lebensjahr; 40% erkrankte teils vor, teils nach dieser Altersperiode. In den Altersgrenzen von 21—60 Jahren stellte er einen Prozentsatz von 94% fest. Dabei erkrankten 17 Fälle vor dem 21. Lebensjahre. Ja, *Meggendorfer* erwähnt sogar einen Fall, bei dem schon mit 13 Jahren die ersten Zukkungen wahrzunehmen waren.

Nach meinem Material — 10 Fälle — begann die Krankheit in 7 Fällen mit Bewegungsstörungen in dem Alter von 35—49 Jahren. Einmal brach sie mit 57 Jahren aus, auf diesen Fall komme ich noch näher zu sprechen, in zwei weiteren Fällen begann sie mit dem 26. bzw. 28. Lebensjahr und nicht mit Bewegungsstörungen, sondern mit psychischen Erscheinungen, und zwar mit Gereiztheit, Nervosität, Angstgefühle, Zerstreutheit, Gedächtnisschwäche, Konzentrationsmangel, sowie Schwindelgefühlen und Flimmern vor den Augen. Nach weiterem Fortschreiten der psychischen Störungen begannen dann nach ca. 5—7 Jahren die ersten Bewegungsstörungen, die sich ebenfalls verstärkten und mit der Zeit intensiver wurden.

Im Vordergrunde stehen wie bei der Chorea minor so auch bei der Chorea Huntington die choreatischen Bewegungsstörungen. Anfangs sind sie von geringer Intensität und vorwiegend auf das Gesicht und Oberextremitäten lokalisiert, schreitet dann aber allmählich fort, bis die ganze Körpermuskulatur ergriffen ist.

Von den Zuckungen der Chorea minor unterscheiden sie sich insofern, als sie im ganzen einen wesentlich langsameren tonischen Ablauf nehmen. Hier ist der Tonus der Muskulatur nicht herabgesetzt. Bei Chorea Huntington besteht mehr Ähnlichkeit mit der Athetose. Man nimmt gelegentlich eine antagonistische Bremsung wahr. Im allgemeinen entspricht das Bild der Bewegungsstörungen dem der Chorea minor. Es ist ein stets wechselndes Spiel unwillkürlicher, ungeordneter, zweckloser Bewegungen, die sich neben- und nacheinander in den verschiedenen Muskelgruppen abwickeln. Sie rufen ein fast ununterbrochenes Grimassieren und Gestikulieren hervor, behindern die Sprache, die durch schmatzende Lippenbewegungen und durch Schnalzen der Zunge, sowie durch krampfhafte Inspiration unterbrochen wird und bis zur Unverständlichkeit beeinflußt wird. Während des Schlafes verhält sich die Bewegungsunruhe wie bei der Chorea minor.

Durch Anspannung des Willens resp. durch Ausführung willkürlicher Bewegungen ist es den Erkrankten möglich, die Zuckungen zu unterdrücken und so feinere Hand- und Fingerfertigkeiten wie Schreiben, Lesen und Nadeleinfädeln auszuführen.

Einzelne Beobachtungen über Lähmungen bei Chorea sind von einigen Autoren, besonders von *Entres*, erwähnt worden, obgleich sie nicht zum Wesen der Chorea Huntington gehören. *Mann*[52]) will jedoch in zwei Fällen echte Lähmung der Atemmuskulatur mit Sicherheit festgestellt haben, Lähmung der Intercostalismuskulatur.

Noch zu erwähnen habe ich, daß mehrere Autoren, darunter zuletzt *Hammerstein*[32]) als auslösendes Moment der Krankheit ein Trauma beschrieben haben. Auch unter den von mir geprüften Krankengeschichten habe ich einen solchen Fall anzuführen, der mir sehr lehrreich erscheint:

R. Ch., Arbeiter, 57 Jahre alt. Aufnahme am 27. XI. 1919.

Laut Anamnese will Pat. immer gesund gewesen sein und will auch von Nervenkrankheiten seiner Vorfahren nichts wissen. Beim Anziehen eines Transportwagens am 7. IX. 1916 ist er ausgeglitten und mit dem Hinterkopf auf den Boden geschlagen. Nach Angabe von Zeugen lag Pat. auf dem Rücken mit blasser Gesichtsfarbe und mit geschlossenen Augen. Er selbst klagte über Kopfschmerzen. Am 9. IX. 1916 rief er zum erstenmal den Arzt und klagte ihm über Zerschlagenheit im ganzen Körper, heftige Kopf- und Kreuzschmerzen. Ferner klagte er über Schwindel und Unruhe und Schweiß. Da die Untersuchung negativ ausfiel, glaubte man die Erkrankung durch Rentenbegehrung bedingt und lehnte die Rente ab.

Am 21. VIII. 1917 erlitt Pat. durch Überfahrenwerden von einem Kokswagen nochmals einen Unfall — Bruch beider Unterschenkel —. Dieses Mal kein Rentenverfahren, da Unfall nicht im Betriebe aufgetreten ist.

Nun erhob Pat. Einspruch gegen das 1. Urteil. Es erfolgte im Dezember 1917 eine Untersuchung von einem Nervenarzt. Sein Gutachten stellte den Pat. für einen körperlich wie geistigen Arteriosklerotiker mit ausgesprochenen krankhaft nervösen Erscheinungen hin. Unter den letzteren fielen neben den subjektiven Beschwerden der Empfindlichkeit, der Steigerung der reflektorischen Erregbarkeit, vor allem eine motorische, veitstanzartige Unruhe auf, die nicht als Chorea angesehen wurde, sondern als Symptom einer Hysteroneurasthenie. Außerdem hatte Pat. eine zum erheblichen Teile durch den Krankheitszustand bedingte Neigung zur Übertreibung.

Die gesamte Erwerbsbeschränkung wurde darauf auf 75—80% geschätzt. Die Folgen der ersten Untersuchung hingegen nur auf 60%.

Gegen das Urteil der Nachbegutachtung im September 1918, die eine Besserung feststellte und die Erwerbsbeschränkung statt 60% nur auf 40% schätzte, legte er mit Erfolg Berufung ein, so daß die Erwerbsbeschränkung auf 50% festgesetzt wurde. Auf einen weiteren Einspruch hin wurde der Fall zwecks Obergutachten an die hiesige Nervenklinik überwiesen.

Im folgenden gebe ich den Untersuchungsbefund der Universitätsnervenklinik auszugsweise wieder. Pat. befand sich vom 27. IX. bis 8. XII. 1919 in hiesiger Klinik. Anamnese wie oben. Jetzige Beschwerden: Er kann sich nicht mehr besinnen, hat Kopfschmerzen, wenn er sich bewegt, kann nicht recht schlafen, das Kreuz sei zerrissen, die Sehnen seien verrenkt, er kann weder sitzen noch liegen, der rechte Arm sei lahm, kann damit keine Stulle schneiden. Er habe starke Unruhe am ganzen Körper, das Gehen falle ihm schwer, es sei so, als ob alles in ihm zu kurz wäre. Das Gedächtnis sei ganz schlecht.

Befund: Schädel ohne Narben, etwas klopfempfindlich; Flüstersprache rechts 4 m, links ½ m gehört; Trommelfelle bdts. getrübt ohne Perforation. Die Luftleitung überdauert bdts. die knöcherne. Es besteht Weitsichtigkeit entsprechend dem Alter. Er behauptet, überhaupt nichts mehr lesen zu können. Es wäre alles eins. Die Sprache zeigt keine Störungen, Blutdruck RR. 175 ccm Quecksilber. Dämpfung der Körperhauptschlagader dicht oberhalb des Herzens ist verbreitert, dort ist auch ein deutliches diastolisches Geräusch, sonst sind die Herztöne paukend. Bauchdeckenreflexe sind lebhaft. Pat. zeigt ungewollte, ungeordnete Bewegungen am Kopf und Rumpf, besonders aber an den Gliedmaßen, bald langsamer, bald rascher, bald werden die Finger gebeugt und gestreckt, bald wird eines der Beine angezogen. Die Bewegungen haben alle etwas Zappelndes und hindern den Mann an der Ausführung von Willkürbewegungen, verstärken sich, sobald er Bewegungen ausführen will, hauptsächlich aber bei Steigerung der Affekte. Wenn er versucht, einen Körperteil ruhig zu halten, so treten die Zuckungen an anderen Stellen vermehrt auf.

Der Gang ist breitbeinig und tanzend, die Arme werden dabei stark herumgeschleudert; auch die Sprache wird dabei oft in Form von Unterbrechungen beeinflußt. Keine Lähmungserscheinungen, Sehnen- und Vorderarmknochenhautreflexe nur schwach auslösbar, am Händedruck-Kraftmesser werden rechts 35,0, links 60,0 mkg gedrückt. Das rechte Bein ist im unteren Drittel stark nach außen verkrümmt infolge schlecht verheilten Knochenbruches. Grobe Kraft der Beine ist gut erhalten, passiven Bewegungen werden keine Widerstände entgegengestellt. Kniescheibenreflexe sind gesteigert, rechts besteht Andeutung von Kniescheibenzittern.

Psychisch: Leidender Gesichtsausdruck, traurig gestimmt. Neigt zum Weinen, Pat. haftet stark an seinen Beschwerden. Alles in ihm sei kaputt. Das Lesen oder Rechnen „ist alles weg", gibt er auf Befragen zur Antwort. Kennt nicht die Farbe einer 10-Pfennigmarke. Umgangssprache wird nur laut verstanden, doch faßt er alles richtig auf und gibt — nach seinem Können zu urteilen — unter Auswahl richtiger Worte sachliche Antwort. Nach dem Monat gefragt, sagt er zuerst September, dann richtig November. Große Flüsse von Deutschland kennt er zunächst nicht, später die Elbe. Weiß nicht, wer an der Spitze des Reiches steht, kennt nicht den Unterschied zwischen Treppe und Leiter. Wa. negativ im Blut. Röntgenbild des Schädels ohne besonderen Befund.

Epikrise: Pat. hat ein Trauma erlitten und seit dieser Zeit sind Störungen der Motorik und Psyche fortschreitend festzustellen.

Wenn wir die Krankengeschichte und insbesondere die ersten Ergebnisse des ersten Untersuchungsbefundes mit dem letzten, der allerdings etwas ausführlicher gehalten wurde, vergleichen, so fällt uns sofort auf, daß wir es mit einem fortschreitenden Leiden zu tun haben, wobei die Psyche und Motorik betroffen ist, das, obgleich die Heredität nicht nachgewiesen werden konnte, ohne weiteres für Chorea Huntington imponiert. Nach dem erlittenen Trauma veränderte sich zunächst die Psyche und erst später entwickelten sich progressiv die Störungen in der Motorik. Auch sind hysterische Überlagerungen und Übertragungen festgestellt worden, die im Laufe der Jahre sich verloren haben. Die psychische Alteration begann zuerst mit einer Charakterveränderung mit noch erhaltenem Gedächtnis; allmählich entwickelte sich dann eine Geistesschwäche, die, langsam fortschreitend, bis zum Blödsinn führen kann.

Ferner zeigte der hohe Blutdruck, daß Pat. z. Z. des Unfalles wohl schon an einer Arteriosklerose gelitten haben muß, eine konstitutionelle vorzeitige Alterserscheinung, die wohl mit dem Herz- und Körperschlagaderbefund in Zusammenhang gebracht werden kann, aber mit dem Unfall in keinerlei Beziehung steht. Es ist aber durchaus denkbar, daß durch die Erschütterung — Fall auf den Hinterkopf — eine Berstung der kleinen, sklerotisch veränderten und wenig widerstandsfähigen Gefäße in den entsprechenden Hirnzentren stattgehabt hat, die als auslösendes Moment für die Erkrankung angesehen werden könnte (*Anton*).

Dieser Fall zeigt uns, so typisch er auch für Chorea Huntington ist, das Fehlen des Kardinalnachweises der Heredität. In der Tat ist sie nicht immer erforderlich, denn die Chorea Huntington muß schließlich einmal doch auftreten, um sich dann durch Vererbung weiter fortzupflanzen.

In zwei anderen Fällen meines Materiales war eine Heredität ebenfalls nicht nachweisbar.

In der ersten Zeit des Leidens finden diese Kranken keine rechte Einsicht in ihr Leiden, obgleich sie meistens die Übereinstimmung ihrer Erkrankung mit dem in der Familie liegenden Übel erkannt haben. Später bekommen sie erst eine gewisse Krankheitseinsicht, doch fehlt ihnen aber das eigentliche Krankheitsgefühl. Man findet aber auch Kranke, die sich infolge ihres Leidens mit Selbstmordgedanken befassen und ihn auch zur Ausführung bringen. Die Stimmungslage ist ebenfalls vom Stadium des Leidens abhängig. Die Gemütsverfassung kann sich so herausbilden, daß sie klassische Paralyse vortäuschen kann. In den späteren Jahren macht man sehr oft die Erfahrung, daß die Kranken das Gefühl der Hilflosigkeit haben. Kurz vor Ausbruch der Krankheit zeigen die Patienten Erregtheit, sind zornig, gewalttätig und haben großes Interesse fürs Essen. Die Zeichen allmählicher geistiger Rückbildung werden jedoch immer deutlicher. Interesse, Urteil läßt nach, Mißtrauen und Eifersucht stellt sich ein, es kommt zu paranoiden Zustandsbildern, zu Verfolgungs- und Größenideen. Viele Beobachter, die sich speziell psychisch mehr mit der Chorea Huntington beschäftigt haben, z. B. *Curschmann*, sind der Meinung, daß die Demenz mehr eine subjektive als eine objektive ist, sowohl vom Standpunkte des Untersuchers, der sich täuschen kann, als auch vom Standpunkte des Kranken aus, der sich keine Leistung zutraut. Namentlich scheint der ausgesprochene Mangel an Initiative, den wir auch bei den Metencephalitikern haben, ein Symptom der fortgeschrittenen Chorea Huntington zu sein.

Aber auch Kranke mit geringen Bewegungsstörungen leiden an Verstimmungen und anderen Unlustgefühlen.

Nach *Meggendorfer*[55]) kennen wir Huntington-Fälle mit und ohne Chorea, mit und ohne Versteifung, mit psychischen Störungen und ohne diese, bzw. nur geringfügige, sowie die verschiedensten Mischungen und Übergänge dieser Störungen.

Für gewöhnlich wird jedoch die gesamte Motilität mehr oder weniger von der Chorea beherrscht. Ausfälle von Sinneswahrnehmungen hat man nicht festgestellt, aphasische Störungen hat man nur in der Wortfindung bemerkt.

Harms zum Sprengel[33]) und andere Autoren haben an Fällen gezeigt, daß das Auftreten von Epilepsie im Erbgange der Huntingtonschen Chorea eine gewisse Rolle spielt.

Prognostisch ist die Chorea Huntington gegenüber der Chorea minor als sehr schlecht zu bezeichnen. Die Dauer der Krankheit beträgt 10—30 Jahre und endet in den meisten Fällen mit dem Exitus letalis. Die Individuen werden bettlägerig und obgleich das Leben selbst nicht bedroht wird — die Leute können ein hohes Alter erreichen —, so wird das Ende durch Suicid, Verletzungen wegen Ungeschicklichkeit, durch Schluckstörungen, Fremdkörperpneumonie usw., durch Kachexie infolge behinderter Nahrungsaufnahme oder in einem komatösen Zustande frühzeitig abgekürzt.

Wo Heredität nicht nachgewiesen werden kann, zeigen sich gewisse Schwierigkeiten bei der Prognosestellung mit der Chorea seniles und mit der chronischen, nicht hereditären Chorea; der weitere Verlauf der Krankheit, wie er oben geschildert ist, sichert jedoch die Diagnose. In Fällen, wo die Heredität erwiesen ist, bestehen keinerlei Bedenken.

Es gibt wohl kein Arzneimittel, das nicht bei diesem trostlosen Leiden Anwendung fand. Jegliche Therapie, auch die der *Pregl*schen Jodlösung hat sich so gut wie machtlos gezeigt. Wenn etwas getan werden soll, so kann nur symptomatisch geholfen werden. Von altersher werden Bäder, Brom und in schwersten Fällen Scopolamin in Pillen, Tropfen oder per subc. angewandt. Wenn auch eine Heilung mit diesem Arzneimittel nicht in Frage kommen kann, so sollen nach den reichen Erfahrungen *Antons* die behandelten Fälle milder, blander verlaufen — persönliche Mitteilung.

Helfend eingreifen kann man dagegen prophylaktisch, indem man die Verhinderung der Vermehrung von Nachkommen Huntingtonkranker bewirkt. Abgesehen davon, daß derartige Erkrankungen für die betroffenen Familien schon ein großes Unglück bedeuten, bilden sie auch eine große Belastung für die Allgemeinheit. Hingegen wären die Familienmitglieder, die nach der *Nethleship*schen Regel: „Einmal frei, immer frei", zur Ehe zugelassen.

Die bis ins höhere Alter gesund gebliebenen Mitglieder haben trotz schwerer Belastung immer nur gesunde Nachkommen. Die Schwierigkeit liegt nur darin, daß die Chorea Huntington meist jenseits des durchschnittlichen Heiratsalters in Erscheinung tritt, und es kommt nur darauf an, die Träger der Chorea Huntington recht frühzeitig zu erkennen (*Meggendorfer*).

Über die Entwicklung der Stammganglien, sowie ihrer Anatomie inklus. Gefäßversorgung sei folgendes gesagt:

Zu den Stammganglien gehören der Thalamus, das Corpus striatum, bestehend aus Nucleus caudatus + lentiformis, letzteres wieder aus dem Putamen und Globus pallidus; ferner die Substantia nigra mit der Zona reticulata, die mit dem Globus pallidus, wenn auch keine Identität ihres Baues, so doch große Verwandtschaft haben, weiterhin Nucleus ruber und Corpus luysi, die wieder ganz eigenartig gebaute Kerne sind.

Für die weiteren Ausführungen ist es wichtig zu wissen, daß zwischen Nucleus caudatus und Putamen phylogenetisch ein Zusammenhang insofern besteht, als erst durch die Hand in Hand gehende Entwicklung der Capsula interna mit dem Pallium eine Teilung des Striatum nach *C. und O. Vogt* in Nucleus caudatus und Putamen allmählich bewirkt worden ist. *Kappers* bezeichnet den stammesgeschichtlichen alten Teil — Globus pallidus und Basalkern — als „Palaeostriatum", den jungen Teil — Nucleus caudatus und Putamen — als „Neostriatum".

Phylogenetisch erwiesen sind ferner die Doppelläufigkeit der striothalamischen Verbindung ebenso auch die hypothalamische als die „primäre Bahnverbindung". Mit Zunahme der Cortex an Größe nehmen sie relativ ab. Nach *Kappers'* neuesten Untersuchungen zeigt nun das Palaeostriatum Verbindungen zum Thalamus opticus und Hypothalamus, außerdem auch zur Mittelhirnbasis, zur Medulla oblongata. Diese sollen sensible und motorische sein.

Gleichfalls seien aus den Untersuchungen *Siegels* an Säugern — zit. nach *Pollack* — hervorgehoben die Unabhängigkeit des Striatums vom Cortex und die Zunahme der Entwicklung des phylogenetisch ältesten Teiles des Pallidums bei den Primaten. Letztere Erscheinung könnte fast auf einen korrelativen Zusammenhang mit der Cortexentwicklung schließen lassen.

Aus der Ontogenese des Striatums ist anzuführen, daß die erste Anlage des Ganglienhügels schon in sehr frühem Stadium sich am Boden der caudalen Aussackung der Hemisphärenblase, in Form einer Vorwölbung, allmählich entwickelt, die schon deutliche Beziehungen zum Zwischenhirn zeigt. Mit zunehmendem Wachstum trennt sich der Ganglienhügel von der Umgebung ab. Hieraus wird ersichtlich, daß das Striatum eigentlich ein Hemisphärenteil ist, der erst im Verlaufe seiner ganzen Entwicklung eine der Cortex differente Weiterentwicklung erfährt.

Das Striatum ist gewissermaßen also wie die Rinde ein Anteil des höchst differenzierten Neuralrohres des Hemisphärenkernes. Das Pallidum, wie die thalamischen Kerne stammen aus der Wand des 3. Ventrikels, gehören also dem Zwischenhirn an und sind auch phylogenetisch älter als das Striatum. *Spatz*[74]) bezeichnet den Globus pallidus als basales Zwischenhirnganglion.

Putamen und Pallidum wurden wegen ihrer engen Nachbarschaftsbeziehungen und faseranatomischen Verbindungen als Linsenkern zu einer Einheit zusammengefaßt, obgleich sie nach ihrem feineren Bau weitgehende Unterschiede, ja entgegengesetztes Verhalten zeigen.

Das Striatum oder Neostriatum wird, wie oben erwähnt, bei den Individuen, die einen breiten Faserzug als Capsula interna besitzen, in den Nucleus caudatus und das Putamen geteilt und zeigt einen entsprechenden einheitlichen Bau. Putamen wie Nucleus caudatus weisen einen größeren markfaserbündelreichen Innen- und einen diese ganz entbehrenden Außenteil auf. Weiter sieht man eine Reihe schmaler Faserbündelchen sich allmählich ventrikelwärts verlieren. Unter dem Ependymstreifen, der sich oben flächenwärts befindet, folgt eine marklose Zone, die nach außen sehr arm, nach innen sehr reich an Gliafasern ist. Hierauf folgen Tangentialfasern, die noch in eine äußere und eine innere Unterabteilung — erstere dichter, letztere lockerer — gegliedert wird.

Nucleus caudatus und Putamen enthalten zahlreiche kleine und eingestreute größere Ganglienzellen; im Nucleus caudatus sind erstere teilweise etwas größer, sonst besteht nach C. und O. Vogt in der Anordnung der Zahl und der groben Form der Zellen und Markfasern kein nennenswerter Unterschied zwischen dem Nucleus caudatus und dem Putamen Nuclei lentiformis. Demgegenüber zeigt das Pallidum ganz wesentliche Abweichungen in der Faserung und in den Fasertypen. Hier finden wir den innersten Teil als den faserreichsten, auch sind die Fasern in verschiedener Dicke. Das Raumverhältnis zwischen grauer Substanz und den Markfaserbündeln ist ein umgekehrtes. Im Pallidum nehmen die Markfasern den weitaus größten Teil der Fläche ein. Es zeigt auch nur eine Art Zellen, und zwar meistens spindelförmige Ganglienzellen.

Weitaus größere Differenzen jedoch lassen sich zwischen Striatum und Pallidum histologisch feststellen. *Bielschowsky*[7]) hat auch die Unterschiede der großen Ganglienzellen des Striatums und der Nervenzellen des Pallidums beschrieben. Erstere zeigen keine Besonderheiten.

Im Nisslbilde sind im Putamen wie im Nucleus caudatus zwei Haupttypen zu unterscheiden, nämlich kleine vielgestaltete Gebilde und große Exemplare von multipolarer Gestalt und abgestumpften Ecken. Ersterer Typus überwiegt in der Mehrzahl, die Dendriten sind zahlreich, dünn und kurz; ihre Axone zersplittern schon in kürzester Entfernung, ein zartes Endgeflecht darstellend. Im farbigen Nissl erscheint der Zellkörper blaß und frei von chromatischer Substanz. Der Kern nimmt den größten Teil der Zelle ein.

Abgesehen von den gewissen Größenunterschieden ist das Aussehen der großen Zellformen ein ziemlich gleiches. Der Zellkörper hat die Form abgerundeter Dreiecke und Polygone. Sie unterscheiden sich aber wesentlich vom ersteren dadurch, daß viele von ihnen ein langes Axon mit wenigen Kollateralen, dessen Aufsplitterung in weiter Ferne von der Ursprungsstellle in anderen Hirnteilen erfolgt, andere haben reich verzweigte kürzere Axone, die im Bereiche der betr. Kerngebiete selbst liegen.

Die Zellen des Pallidums sind morphologisch gekennzeichnet durch das häufige Überwiegen eines Zelldurchmessers und durch das konstante Vorhandensein enorm langer Dendriten. Die Hauptmasse der Gesamtzelle gehört diesen Fortsätzen an, so daß der kerntragende Zellteil ihnen gegenüber recht winzig erscheint.

Im Fibrillenpräparat überraschen diese Zellen durch die kaum übersehbare Länge der Protoplasmafortsätze.

Koelliker (zit. nach *Bielschowsky*) nannte sie Strahlenzellen, ihre charakteristische Eigenschaft besteht in der Länge ihrer dichotomisch verzweigten Dendriten. Weiter ist hervorzuheben, daß diese Zellenkörper und Dendriten von ösenförmigen Endkörperchen in ganz ungewöhnlich dichter Anordnung bedeckt sind.

Sodann zeigen Zelleib und Dendriten bei Fibrillen- und Gliafärbungen zarte Membranen bzw. breite zylindrische Hüllen einer besonderen Differenzierung plasmatischer Grundglia, die mit dem nervösen Plasma zu einer morphologisch fast undurchtrennbaren Substanz vermischt und die Dendriten bis zu ihren Endverzweigungen begleitet.

Ferner sei darauf hingewiesen, daß das Striatum ein außerordentlich dichtes Netz von Capillaren, das noch erheblich enger ist als das der Rinde, aufweist, während das Pallidum verhältnismäßig arm an Capillaren ist [*Spatz*[74])].

Nach *C.* und *O. Vogt* haben die kleinen Striatumzellen eine hemmende, die der großen Zellen und die des Pallidum eine anregende Wirkung. Nach ihnen soll sich der ganze Leitungsmechanismus im Striatum so gestalten, daß die striopetalen Fasern in der Umgebung der kurzaxonigen und der kleineren langaxonigen Zellen endigen, daß diese beiden Gruppen von Zellen dann auf die größeren langaxonigen Zellen wiederum einwirken und letztere endlich die Erregung auf die Pallidumzellen übertragen. Die großen Striatumzellen sollen nicht nur Denervations- sondern auch Innervationsfunktionen dienen.

Somit erweist sich das Striatum durch diese so zahlreich gebildeten Schaltzellen dem Pallidum gegenüber als ein kompliziert gebautes Regulationsorgan. Der histologische Bau des Striatums ist derjenige eines hochdifferenzierten Endgraues. Die überwiegende Zahl der in ihm enthaltenen Zellen sind Schalt- bzw. Assoziationsneurone und damit ist seine Stellung als eines der Hirnrinde im histologischen Sinne prinzipiell gleichwertigen Organes gekennzeichnet.

Da sich jedoch nach *Spiegel* die Zelldifferenzierung im Striatum erst bei höher entwickelten Tieren zeigt, hält *Pollack* die histologischen Momente nicht für ausreichend, die funktionellen Probleme des striären Systems zu lösen, auch *Lewy* hegt Bedenken gegen diese Erklärung des psychischen Geschehens.

Über die Vascularisation dieser Gebiete ist folgendes hervorzuheben:

Die drei Hauptgefäße sind:
1. Die Art. cerebri anterior ⎫ (aus der Carotis interna).
2. Die Art. cerebri media ⎭
3. Die Art. chorioidea, die von der Carotis oder auch von der Art. cerebri media abgehen kann.

Die zwei langen Nebenäste der cerebri anterior laufen kurz nach ihrem Ursprung wieder nach rückwärts und versorgen den Kopf des Schweifkerns, den vorderen Teil des Putamens, sowie den vorderen Schenkel der Capsula interna. Die größte Bedeutung in pathologischer Hinsicht kommt jedoch der Art. cerebri media zu. Ihr Hauptstamm — Art. fossae Sylvii — dringt bis zur Insula Reili, wo sie in ihre Endäste zerfällt, vorher gibt sie aber ab die Art. lentico-optica und die Art. lenticostriata. Eine von den letzteren durchbohrt die Capsula interna und endigt im Schwanzkern. Sie ist als Arterie der Gehirnhämorrhagien bekannt.

Die Art. chorioidea versorgt innere Teile des Globus pallidus, sowie hintere Abschnitte des Putamens und Schweif des Schweifkernes.

Dadurch, daß die Gefäßanlagen für die primären Hirnblasen der Bildung dieser vorangehen, ist der rückläufige Verlauf der beiden ersten langen Nebenäste, der überaus ungünstige Ernährungsbedingungen schafft und unter pathologischen Verhältnissen noch ungünstiger wirken muß, bedingt. Hierdurch wird das Striatum zu einem Locus minoris resistentiae.

Spatz weist darauf hin, daß die eigenartigen Ablagerungen von unbekannter Konstitution, die man häufig normalerweise in den Gefäßwandungen des Pallidums findet, fälschlicherweise von vielen Autoren als Kalk angesprochen werden.

Auf Grund von experimentellen und klinischen Versuchen haben sich die meisten Forscher neuerer Zeit, darunter *C.* und *O. Vogt* dahin ausgesprochen, daß eine direkte Verbindung zwischen Cortex und Striatum nicht existiert, daß vielmehr eine Verbindung auf indirektem Wege besteht, und zwar erhält das Striatum die zentripetalen Fasern aus den oroventromedialen Teilen des Thalamus und aus einigen ventral vom Thalamus gelegenen Kernen, während die zentrifugalen Fasern zum Pallidum führen, sowohl vom Putamen, als auch vom Nucleus caudatus, auch erhält es direkt vom Thalamus Impulse

Vom Pallidum nehmen die Erregungen ihren Weg zum Thalamus, Corpus luysi, Nucleus ruber, Nucleus Darschkewitsch, zur Zona reticulata der Substantia nigra und hinteren Commissur. Nucleus ruber und Substantia nigra sind außerdem auch mit der Großhirnrinde und Thalamus in Verbindung und erstere noch mit dem Nucleus dentatus cerebelli. Von hier aus läuft dann die Bindearmbahn zur Mittelhirnhaube, wo die Fasern teilweise im roten Kern enden, teilweise zum Thalamus weiterziehen, der mit allen sensiblen Bahnen verbunden ist.

Mit der Peripherie sind die Stammganglien durch die rubrospinale Bahn, den Tractus tecto-spinalis sowie durch den Fasciculus Darschkewitschi verbunden.

In einer sehr interessanten Arbeit: Über den Eisennachweis im Gehirn, hat auch *Spatz* dargetan, daß es Zentren verschiedener Hirnabschnitte gibt, die, miteinander verbunden, nach *C.* und *O. Vogt* ein funktionelles Neuronensystem bilden, wobei eine Läsion innerhalb dieses Systems eine verwandte Reaktion hervorrufen muß.

Mit Berlinerblau und Schwefelammonium hat *Spatz* das Eisen mit verschiedener Intensität nachgewiesen; und zwar hat er nach letzterer 4 Gruppen unterschieden.

Gruppe I und II enthalten die wichtigsten Glieder des extrapyramidalen Systems, Gruppe I zeigt die stärkste Eisenreaktion, zu ihr gehört der Globus pallidus und die Zonula reticulata der Substantia nigra; beide zeigen auch auffällige Verwandtschaft in der Struktur.

Zur Gruppe II, als die weniger stark die Eisenreaktion gebende Gruppe, rechnet er den Nucleus ruber, Nucleus dentatus cerebelli, Striatum und Corpus luysi.

Das konstante Eisen im Gehirn soll mit dem Blutstoffwechsel nichts zu tun haben.

Da nun bekannterweise das Gehirn bei Sauerstoffentzug sehr empfindlich reagiert; besonders *die* Teile werden zuerst ergriffen, die eine intensive Eisenreaktion geben — kommt *Spatz* zu der Vermutung, daß dem Gehirneisen die gleiche Rolle bei der Zellatmung zukommt wie dem Gewebeeisen. *Spatz* nimmt an, daß der Mehrbedarf des Eisens im Gewebe zur Funktion notwendig ist, pathologischer Mehrbedarf dagegen nicht verarbeitet werden kann — Erlahmung der Zelle.

Die physiologische Eisenspeicherung in bestimmten Hirnzentren jedoch scheint ihm ein Indikator zu sein für einen uns vorläufig noch verborgenen Stoffwechselvorgang.

Bei der Besprechung der Lokalisation und pathologischen Anatomie und Histologie der Chorea muß ich zunächst auf die Untersuchungen *Alzheimers*[1]) im Jahr 1911 zurückgreifen. An Hand von 3 Fällen von Chorea Huntington hat er gegenüber den damaligen Untersuchungen neben der Hirnrinde schwerste Veränderungen im Corpus striatum:

Nucleus caudatus und Nucleus lentiformis sowie im Hypothalamus beschrieben.

In Fällen fortgeschrittener Chorea Huntington waren die Zellen vollkommen verschwunden und eine enorme Vermehrung kleingliöser Kerne ohne Gliafaserbildung vorhanden. Bei Fällen von Chorea bei Sepsis fand er Veränderungen und Kokkenhaufen im Corpus striatum. Die Ursache, weshalb die pathologischen Befunde der an Chorea minor zum Exitus letalis gekommenen Individuen im Gehirn so häufig negativ ausgefallen sind, ist lediglich darin zu suchen, daß die makroskopischen Befunde vielfach gleich Null waren; nur hin und wieder fand man geringe Entzündungsherde.

Neben dem Hauptsitz des Striatums als Choreaerkrankung finden wir vielfach auch in der Rinde Veränderungen. Die Erscheinungen im Striatum sind herdförmig und in akuten, zum Tode führenden Fällen teilweise flüssiger Natur. Dabei werden die großen Zellen weniger geschädigt.

Lewy hat solche Herde mit kleinen sich auflösenden Zellen im Putamen beschrieben, wobei die Gliazellen eine amöboide Umwandlung erfahren. Neben Veränderungen des Striatums und teilweise auch im Globus pallidus sind noch Veränderungen in der Substantia nigra, Corpus luysi, Nucleus periventricularis, sowie im Rückenmark gefunden worden, das ja bei dem infektiösen Charakter nicht überraschend wirkt.

Auch die makroskopischen, anatomisch-pathologischen Gehirnbefunde bei der Encephalitis epidemica mit choreiformen Bewegungsstörungen verhalten sich ähnlich denen der Chorea minor. Mitunter bekommt man Ödeme und kleinste Blutungen zu sehen.

Mikroskopisch fällt dagegen eine gewisse Ähnlichkeit mit dem Befunde der progressiven Paralyse auf. Bei der Encephalitis epidemica sieht man in der Adventitia der kleinen Gefäße Infiltrationen, bestehend aus Lymphocyten und Plasmazellen. Dann zeigt die graue Hirnsubstanz bedeutende Veränderungen degenerativer Art, während die weiße höchst selten zerstört angetroffen wird. Einesteils kann es zu Verdichtungen von Zellkernen, infolge von Resorptionen flüssiger Bestandteile, kommen, andererseits auch zu blasiger Aufquellung des Protoplasmas, wobei die reparatorische Gliawucherung stets beobachtet wird. Der Zerfall spielt sich vielfach im Verlaufe der entzündlichen Gewebe ab.

In der weißen Hirnsubstanz sind gelegentlich Fibrillendegenerationen in Form von kolbiger und spindeliger Verdickung und Auffaserung der Fibrillen mit Gliawucherung begleitet anzutreffen. Diese Veränderungen finden sich vorzugsweise bei den mit choreiformen Bewegungsstörungen einhergehenden Fällen im Thalamus und Striatum, Pallidum, sowie Corpus luysi, mit kurzen Worten nach *C.* und *O. Vogt* gesagt, am *striären Neuronensystem*.

Bei arteriosklerotischer Chorea hat *Lewy* die arteriofibrotischen Verödungsherde in Ausfällen von Ganglienzellen ohne Narbenbildung beschrieben, die sogenannte unvollkommene Erweichung nach *Alzheimer*, wobei die Capillaren eine typische Fibrose zeigen. Während der Globus pallidus kaum Veränderungen in den Ganglienzellen zeigt, besteht eine relative Gefäßvermehrung, eine Markscheidenverarmung und eine Wucherung feiner Gliafasern in mäßigem Umfange.

Jakob und *Lewy* stimmen bei der Chorea seniles anatomisch-pathologisch darin überein, daß sie makroskopische Veränderungen des Striatums außer unbedeutenden kleinen Verschiebungen in Länge und Breite nicht feststellen können und daß im Markscheidenbilde ein Status fibrosus nach *C.* und *O. Vogt* nicht zu erkennen ist. Demnach ist also die Atrophie der Stammganglien keine Grundbedingung für die Auslösungen der choreatischen Bewegungsstörungen.

Das mikroskopische Zellbild des Striatums zeigt ausgesprochene Zellveränderungen, Vakuolisierung des Zellinhaltes unter Ablagerung sogenannter Degenerationskügelchen. Der Kern bleibt groß gebläht, hell und chromatinarm. Betroffen sind hauptsächlich die kleinen Zellen, während die großen Striatumzellen nur gering in Mitleidenschaft gezogen sind. Diese Veränderungen bei Chorea seniles sind mehr herdförmig. Das Pallidum und Nucleus dentatus zeigen nach *Jakob* Verfettungen. Nach *Lewy* zeigt die Substantia nigra wie auch Nucleus periventricularis Veränderungen in Form reicher Gliafaserungen.

Bei der Chorea Huntington haben wir schon makroskopisch ein anderes Bild. Wir finden zunächst ein ziemlich in toto geschrumpftes Gehirn mit Erweiterung der Seitenventrikel, sowie starke Atrophie der Stammganglien. Betrachten wir speziell den Streifenhügel, so tritt uns die enorme Schrumpfung und Verschiebung und das Ineinandergehen von Putamen und Globus pallidus, letzteres auch geschrumpft, ohne jede Abgrenzung ins Auge. Diese starke Schrumpfung kann nicht allein als Ausdruck eines längeren Prozesses, sondern als eine hereditäre Komponente, nach Ansicht von *Lewy* als evtl. minderwertige Anlage, aufgefaßt werden. Die begleitende psychische Erkrankung hat nach Ansicht der meisten Autoren ihr Substrat in der Hirnrinde, die erheblich atrophiert. Auch hat *Forster*[25]) in einer neueren Arbeit dargetan, daß pathologische Veränderungen speziell im Linsenkern allein keine psychischen Symptome hervorrufen, Nach *Lewy* und *Bielschowsky* zeigte sich mikroskopisch in der Hirnrinde besonders der Zentralregion und des Hinterlappens vor allem die Körnerschicht verändert unter herdförmiger Anordnung der erkrankten Elemente; während die Pyramidenzellen der Zentralregion unter Wabenbildung zugrunde gehen, werden die Körnerzellen und auch Pyramidenzellen speziell im Occipitallappen nach Art der schweren Zellerkrankung befallen. In der Zentralregion greift die Gliakernwucherung dabei teils auf die Oberfläche, teils in die Schicht der Beetschen Zellen über, wobei die Ganglienzellen die chronischen Veränderungen zeigen.

Im Hinterlappen dagegen haben wir die schwersten Zellveränderungen: Zurückgezogene Kerne von homogener dunkler Beschaffenheit, das Zellchromatin in Auflösung, Zellrand und die Fortsätze mit Degenerationsgranula bedeckt. Die Gliakerne sind z. T. amöboid. Sekundär führen diese schweren Veränderungen natürlich zu degenerativen Prozessen im Mark, unter Umständen mit Bildung einer dichten Gliafasernarbe.

Im Striatum erkennen wir auf den Markscheidenpräparaten die Ausprägung eines deutlichen Status fibrosus von *C.* und *O. Vogt*, im Pallidum ist durch den Ausfall feinerer striofugaler Bahnen eine Aufhellung zu erkennen. Das Zellbild weist eine starke Verödung des Striatums, besonders der kleinen Zellen, die einesteils chronisch entartet, andererseits gänzlich ausgefallen sind, auf, während die großen Zellen größtenteils erhalten sind, jedoch auch vielfach, besonders im Nucleus caudatus degeneriert sind. Weiterhin trifft man noch eine Verdichtung des Gliareticulums an. Die Pallidumerkrankung zeigt sich im wesentlichen von der Erkrankung des Striatums abhängig. Während die Veränderungen in den übrigen Teilen: Thalamus, Corpus luysi, Substantia nigra und Nucleus periventricularis wechselnd sind, sind die Purkinjeschen Zellen regelmäßig ergriffen.

Bei dem Gefäßapparat wurde von den meisten Autoren, *Bielschowsky* u. a., ein mäßiger Grad von Capillarfibrose festgestellt, die Capillaren scheinen nicht nur vermehrt, sondern der Gefäßapparat soll nach *Bielschowsky* an der Deckung des parenchymatösen Substanzverlustes regen Anteil haben.

Die von *Bielschowsky, C.* und *O. Vogt* u. a. Autoren im Striatum bei Chorea als „Choreakörperchen" regelmäßig vermehrt vorkommenden, sogenannten Kalkkonkremente sind stets mit Vorsicht zu beurteilen. *Spatz* glaubt, daß diese kokkenartigen Körner, die mitunter zu Schollen und Platten verkleben, sich hauptsächlich in der Media der Arterien und die maulbeerartig miteinander verbackenen Kugeln, besonders die an den Wänden der Capillaren von außen angelegt sich befinden, keine Kalkkonkremente, sondern Produkte eines regressiven Stoffwechsels sind, die fast ausschließlich auf das Pallidum beschränkt bleiben. Aus diesen anatomisch-histologischen Darstellungen geht ohne weiteres klar hervor, besonders bei den Fällen ohne Ergriffensein der Hirnrinde, daß die *Chorea* eine *Erkrankung des striären Systems* ist, wobei die Chorea Huntington eine schwere Parenchymentartung in der Rinde und besonders im extrapyramidalen Apparat, unter Bildung eines *Vogt*schen Status fibrosus im Striatum bei besonderem Ergriffensein der kleinen

Ganglienzellen und auch gelegentlich der großen. Auch kann das Pallidum mitunter primär erkrankt sein.

Wie schon oben erwähnt, ist das Striatum, dessen kleine Elemente eine hemmende und die großen wie die Zellen des Pallidums eine anregende Wirkung haben soll — *C.* und *O. Vogt* — dem Pallidum übergeordnet.

Durch die Erkrankung des Striatums werden die kleinen Elemente vernichtet und die großen dadurch zügellos und es tritt durch den Ausfall der Striatumfunktion eine Enthemmung des Pallidums ein.

Lewy[43]) hat an mit Diphtherietoxin vergifteten Mäusen nachgewiesen, daß die kleinen Striatumzellen mit der Chorea in Beziehung stehen, auch glaubt *Globus*[30]) mit dem oben schon bezeichneten interessanten Diphtheriefall, den er an einem Menschen beobachten konnte, *Lewys* Angaben bestätigen zu können.

Während *C.* und *O. Vogt* die Ansicht vertreten, daß bei einem neugeborenen bis zum 1. Lebensjahr erkrankten Striatum Athetose eintritt und im späteren Alter Chorea sich entwickelt, hat *Förster*[24]) die Auffassung, daß die verschieden hochgradige Ausdehnung des Krankheitsprozesses im Striatum die Krankheitserscheinung bedingt.

Nach *Jakob* tritt bei weitgehendster Beschränkung auf das Striatum für gewöhnlich Chorea, in seltenen, noch ungeklärten Fällen, unter gewissen Bedingungen auch Athetose auf. Einseitige Striatum-Pallidumerkrankung bedingt Athetose, doppelseitige zunächst ebenfalls Athetose, bei fortschreitender Entartung Versteifung. Striopallidäre Affektionen offenbaren zunächst neben den Akinesen positive Hyperkinesen im Sinne von Tremor und Athetose. Eine zunehmende Degeneration stellt bei der dadurch bedingten pallidären Enthemmung die allgemeine Starre in den Vordergrund.

Das choreatische Krankheitsbild soll sich nach der Seite des akinetischen-hypertonischen Syndroms dann verschieben, wenn außer den kleinzelligen Elementen des Striatums auch die großzelligen zusammen mit den Pallidumzellen affiziert sind. So anatomisch die Erklärung des Überganges von Hyperkinese in Akinese.

Die von *C.* und *O. Vogt* so überaus überzeugend wirkende Darstellung: Zur Lehre der Erkrankungen des striären Systems, die selbst von den so hoch geschätzten Autoren *von Strümpell, Kleist* u. a. ohne weiteres anerkannt worden ist, ist nichts weiter als eine Modifizierung der schon vor 25 Jahren — fast ein Menschenalter — im Jahre 1896 von *Anton*[2]) aufgestellten Lehre, die damals nicht die gebührende Beachtung gefunden hat [*Zingerle*[85])].

Anton hat als erster die choreatischen und athetotischen Bewegungsstörungen von den Funktionsstörungen der Pyramidenbahn, an die sie *Kahler* und *Pick* gebunden hatte, losgelöst und sie auf ein *extra-*

pyramidales System verwiesen. Er glaubte damals wie jetzt die Chorea und Athetose in einer Störung im Gleichgewicht der subcorticalen motorischen Apparate des Thalamus opticus als Bewegung anregendes Organ und des Linsenkernes als Hemmungsorgan und mutmaßte diese Bewegungsstörungen als *Enthemmungserscheinungen.*

Die beiden Leitgedanken: ,,Das extrapyramidale System" und ,,Die Enthemmung" bilden den Grundstein aller nach ihm folgenden Theorien.

Ein Jahr später nach *Anton,* im Jahre 1897, hat *Bonhöffer* auf Grund eines Falles einer Krebsmetastase im Bindearm bei choreatischen Erscheinungen der gekreuzten Körperseite den Begriff ,,Bindearmtheorie" aufgestellt. Dieser Ansicht schloß sich aurh später *Kleist* an. Beide vertreten die Ansicht, daß die extrapyramidalen Bewegungsstörungen auf Erkrankungen des Kleinhirns, des Thalamus und Bindearms usw. beruhen. Nach ihrer Ansicht gehen vom Kleinhirn bewegungsregelnde Impulse über die Bindearme, roten Kerne, zum Thalamus und zu den Zentralwindungen.

Während *Vogt* die Existenz einer Bindearmchorea entschieden bestreitet, hält *Jakob* sie für gesichert.

Wie aus der älteren durchgelesenen Literatur ersichtlich ist, ist man schon lange in der Lage, medikamentös bei geraumer Zeit auf die Chorea minor einen guten Einfluß auszuüben. Schon lange ist man sich bewußt, daß man neben der medikamentösen Therapie das Hauptaugenmerk auf die gestörte Psyche zu richten hat und neben Isolierung des Patienten im abgedunkelten, kühlen Raume auch für eine geeignete Pflegeperson Sorge zu tragen hat. Von vornherein ist darauf zu achten, daß Vergleichsobjekte wie Kinder und Gegenstände, die die Patienten nicht handbaben können, entfernt werden, um jede Verstimmung, die die Krankheit im höchsten Grade beeinflussen kann, auszuschalten. Ferner ist auf leichte, geeignete Kost Wert zu legen. In schwersten Fällen, die mit Jaktationen einhergehen, sind natürlich Vorsichtsmaßnahmen zu ergreifen, um Verletzungen, die sich die Kranken selbst beibringen, zu verhüten. Bei wildesten Jaktationen muß natürlich zur medikamentösen Zwangsjacke (Scopolamin — Morphin) Zuflucht genommen werden.

Was die medikamentöse Therapie betrifft, so haben in den letzten Jahren *Bókay*[11]) und *Schnurmann*[72]) über das Fazit der üblichen Choreatherapie berichtet.

Bókay berichtet über seine eigene Salvarsantherapie, über die Anwendung großer Dosen arsenige Säure nach *Comby*[17]), über Milchinjektionen nach *Kern* und *Balint* und über Bewegungsübungen nach *Karger.*

Schnurmann über Solutio Fowleri, Neosalvarsan, Luminal, Melurin, sowie über Fälle, die nicht behandelt wurden.

Beide Autoren stimmen im wesentlichen darüber überein, daß keinem der erprobten Mittel eine besondere Bedeutung zukäme und daß die durchschnittliche Krankheitsdauer ca. 6—8 Wochen betragen hatte, was auch für eine Therapie durchgeführt wurde.

Überhaupt ist bisher kein Mittel unausprobiert geblieben, um die Chorea auf bestem und schnellstem Wege zu heilen. *Maas*[50]) griff sogar zur Operation und erzielte dabei keinen bleibenden Erfolg. Doch von allen Mitteln hat sich von alters her bis zum heutigen Tag die Arsenbehandlung behauptet und zwar in der Form der Fowlerischen Lösung. Ihre Anwendung erfolgt bekanntermaßen in Tropfen per os und Spritzkur per subcutan, und zwar steigend und wieder fallend, wobei bei evtl. Nichtvertragen sofort abgebrochen werden muß.

Eine zweite Anwendungsweise erfolgt nach dem Vorbilde von *Comby*[17]) in stärkerer Form in einer Lösung von 1 : 1000, wovon täglich in steigernden Dosen 5—10—15—20—25 ccm gegeben werden sollen und wieder abfallen, so daß die Kur in 9 Tagen beendet ist. Auch hat sich die Applikation von Arsen-Eisen stets gut bewährt.

Während sich in der hiesigen Nervenklinik vor allem die Arseninjektionskur als gut erwiesen hatte und die Behandlungsdauer durchschnittlich 8 Wochen betrug, empfiehlt *Bókay* neuerdings wieder die letztere Arsenkur nach *Comby*.

Sobald Arsen nicht vertragen wurde und die Bewegungsstörungen an Stärke zunahmen, fanden auch in hiesiger Nervenklinik Bromsalze, Antipyrin u. a. Schlafmittel, sowie Badekuren Anwendung.

Ehe ich auf die Besprechung der seit 1921 von Herrn Geheimrat Prof. Dr. *Anton* in der hiesigen Nervenklinik der Universität eingeführten Therapie der Chorea minor mit der Preglschen Jodlösung übergehe, möchte ich auch noch auf die in jüngster Zeit von anderen Autoren empfohlenen Medikamente bzw. Behandlungsmethoden kurz eingehen.

So wurden von mehreren Autoren die Lumbalpunktion, das Luminal, Nirvanol und so weiter wärmstens empfohlen.

Salomon[69]) berichtet über die Lumbalpunktion: ,,Während wir mit der erprobten Arsentherapie in den meisten Fällen sichere, wenn auch langsamere Erfolge zu verzeichnen hatten, hat sich in einer freilich bisher nur geringen Anzahl von Fällen die Lumbalpunktion als geradezu ‚schlagartiges' Mittel erwiesen!" Er empfiehlt die Punktionsmethode nach *Passini* in allen schweren Fällen von Chorea in akutem Stadium als aussichtsreiche Therapie.

Taillens[81]) hingegen berichtet über seine Erfahrungen mit der Lumbalpunktion an 6 Chorea minor-Fällen ganz im entgegengesetzten Sinne: ,,Zu der negativen Wirkung der Lumbalpunktion stellten sich noch die üblichen Nachwirkungen wie Kopfweh und Erbrechen ein." Er hält die Lumbalpunktion für unnötig.

Über die endolumbale Behandlung der Chorea minor mit Eigenserum an 5 Fällen berichtet *Rohr*. Er fand bei allen Patienten Liquordruckerhöhung; indem er den Liquor bis unter die Norm abließ, indizierte er langsam einige ccm Eigenserum. *Rohr*[65]), der die Injektionen öfters wiederholte, fand niemals die gewünschte Besserung. Kurz vor einer dritten Wiederholung dieser Behandlung untersuchte er den abgelassenen Liquor und stellte gegenüber den bisher unbehandelten Fällen eine bedeutende Zellvermehrung und eine entzündliche Reaktion fest, die geneigt sein kann, den Zustand eher zu verschlechtern als zu bessern. Er warnt daher vor derartigem Eingriff.

Esau[20]) meldet günstige Resultate mittels *Bier*scher Stauung bei Chorea minor. Die Behandlung wurde so ausgeführt, daß die Patienten an das Tragen einer Gummibinde um den Hals mit zunächst mäßiger Spannung gewöhnt wurden. *Bier* stellte fest, daß bei allmählicher Spannungszunahme, die gut vertragen wurde, der Hirndruck steigt und eine Spannungsvermehrung im Schädelinnern entsteht. Diese Behandlung schien bei der Chorea minor ohne jede Mühe und Gefahr. Sie wird der medikamentösen gleichgestellt. „Da jede Flüssigkeitsentnahme eine ziemlich langdauernde Hyperämie im Gefolge hat, so ist die Lumbalpunktion, bei der *Passini* Erfolge hatte, ebenfalls eine Art Hyperämie" (*Esau*). Leider lauten die Angaben *Taillens* wie schon oben erörtert, im entgegengesetzten Sinne; letzterer hält die Lumbalpunktion für unnötig.

Die von *Karger* angegebene Bewegungstherapie, die nach seinen Angaben die medikamentöse völlig entbehren kann, wurde in den letzten Jahren auch in der hiesigen Nervenklinik in einigen Fällen in der Rekonvaleszenzzeit angewandt. Ohne Zweifel übt eine sachgemäße Bewegungstherapie bei den leichten Chorea minor-Fällen neben einer medikamentösen auf die Erkrankung einen günstigen Einfluß aus. Bei unsachgemäßer Ausübung jedoch und bei schweren und schwersten Fällen mit Jaktationen kann sie bei der labilen Stimmungslage nur nach der schlechten Seite hin wirken, abgesehen davon, daß nicht ein jeder begabt und geeignet ist, ein solches Spiel zu spielen, wie es *Karger* vorschreibt. In der hiesigen Klinik wurde die Bewegungsübung hauptsächlich bei im Abklingen begriffenen Krankheitsfällen mit Erfolg durchgeführt.

In neuester Zeit stehen vor allen Dingen das Luminal und das Nirvanol im Vordergrund der Besprechung.

Luminal, durch Ersetzen einer Äthylgruppe durch eine Phenylgruppe aus Veronal entstanden, hat sich in hartnäckigen Fällen als Schlafmittel bewährt, das bei Geisteskrankheiten Anwendung findet und auch unter gleichzeitiger Brombehandlung bei Chorea und Paralysis agitans empfohlen wird und auch in der hiesigen Nervenklinik bei Epilepsie mit Befriedigung Anwendung findet. *Bernuths*[6]) Resultate über die Behandlung mit Luminal an 9 Choreatischen sind mit den Erfahrungen der hiesigen Nervenklinik in vollen Einklang zu bringen. Sie lauten: „Luminal in der Dosierung 2—4 mal 0,05 pro die kann in der Behandlung der Chorea minor als Adjuvans in Frage kommen, eine Abkürzung des Krankheitsverlaufes oder eine schnellere Wendung zur Besserung ist mit Sicherheit nicht festzustellen. Auch sei auf das bei obengenannter Dosierung häufig ausbrechende Exanthem hingewiesen."

Das *Nirvanol* ist ein neues Schlafmittel von besonders starker Wirkung. Es enthält gleichfalls eine Phenylgruppe und wird da angewandt, wo andere Schlafmittel versagen. *Poulson*[63]) berichtet von einer schmerzstillenden Wirkung. Er hat in passenden Dosen an Tierversuchen keine schädigende Wirkung auf Herz und Atmung feststellen können. Er weist aber auf die unliebsamen Nebenerscheinungen (Fieber, Exanthem) bei Darreichung mehrere Tage hintereinander hin und auf die kumulative Wirkung.

Dieser letzteren unangenehmen Eigenschaften wegen hat man das sonst sehr gute Schlafmittel in der Therapie immer mehr fallen lassen, bis einige Autoren, zuerst *Röder*, *Rietschel*, dann *Hefter* und *Hußler* die Wahrnehmung machten, daß bei der Nirvanoltherapie bei Chorea minor die Heilwirkung gerade von der toxischen Wirkung, äußerlich gekennzeichnet durch Fieber und Exanthem, abhängt. Warum und wie, weiß man sich nicht zu erklären. *Hußler*[38]) glaubt mehr an eine chemische Einwirkung als an eine Reizkörpertherapie.

Hefter[34]) mit 9 und *Hußler* mit 12 Fällen fassen ihre Erfahrung mit Nirvanol zusammen: „Nirvanol bei Chorea minor bis zum aseptischen Fieber und Exanthembildung dargereicht, ist, besonders bei schweren Fällen, ein geeignetes Mittel, das jedoch nur in der Klinik Verwendung finden kann.

Die Darreichungsweise und Wirkung des Nirvanols wird folgendermaßen angegeben: $2 \times 0{,}15$ pro die, bis Fieber und Exanthem auftritt; am 3. Tag tritt Schlaf ein, am 7. Tag sollen die choreatischen Unruhen nachlassen, ab 9. Tag früh Auftreten von masernartigem Exanthem und abends Temperaturanstieg bis 38^0 und 39^0, der wie das Exanthem 5 Tage anhält. Während das Exanthem innerhalb 2 Tagen abblassen soll, fällt das Fieber lytisch; parallel mit dem Verschwinden des Exanthems sollen die choreatischen Erscheinungen abnehmen.

Diese Erscheinungen treten keineswegs immer so prompt und pünktlich auf. Einige Autoren haben schon auf Abweichungen hingewiesen, die üble Nachspiele nach sich gezogen haben. So hat dann auch *Hußler* einen ziemlich ernst zu nehmenden toxischen Fall zu verzeichnen, wo es am 7. Tage schon zum Exanthem kam. Der betreffende Patient wurde besonnt, danach trat plötzlich auf: Stomatitis, Blepharitis,

Conjunctivitis, Entzündung der Analgegend und Glans penis. Ob man tatsächlich, wie *Hußler* annimmt, auf die Sonnenbestrahlung allein diese nicht ganz leicht hinzunehmenden toxischen Erscheinungen zurückführen kann, vermag ich nicht zu entscheiden.

Schmal[70]) hat ebenfalls mit Nirvanol drei Chorea minor-Fälle behandelt und seine Erfahrungen veröffentlicht. Im ersten Fall berichtet er über eine versehentliche Verdoppelung der Dosis pro die = $2 \times 0{,}3$, die ebenfalls gut vertragen wurde. Der Erfolg war gut. Bei seinem dritten Fall — leichte Chorea — bekommt er jedoch bei einer 18 Tage langen Dosierung von täglich $2 \times 0{,}2$ pro die, außer einem Mattigkeitsgefühl, das bei Weglassen des Nirvanols wieder verschwindet, keine Reaktion, weder Exanthem, noch Fieber. Auf Grund seiner Beobachtungen empfiehlt *Schmal* nunmehr das Nirvanol nur für schwere Fälle, während es bei leichter Chorea scheinbar versagt.

Nach dem, was ich in der Literatur über Nirvanol gelesen habe, komme ich zu dem Schluß, daß Nirvanol mit seiner „*unzuverlässigen individuellen*" Wirkung bei Chorea minor, die häufig mit Herzfehler einhergeht, nur mit *äußerster* Vorsicht zu gebrauchen ist.

Werfen wir nochmals einen kurzen Richtblick auf die soeben kurz besprochenen Arzneimittel, bzw. therapeutischen Maßnahmen, die bei der Chorea Anwendung fanden. Keines von den vielen Medikamenten kann uns gänzlich zufriedenstellen. Bei der großen sozialen Bedeutung jedoch, die diese häufige und langwierige Krankheit hat, ist es ein unbedingtes Erfordernis, nach einem geeigneten, unseren Wünschen vollkommen entsprechendem Medikament zu fahnden.

Eingedenk dieser Notwendigkeit hat wiederum *Anton* mit Rücksicht auch auf die Therapie der Geistes- und Nervenkrankheiten schon 1920 in seiner Klinik die Preglsche Jodlösung eingeführt, die bereits in anderen Disziplinen sich eine Stellung als gutes Desinfiziens behauptet hat.

Pönitz[62]) und *Schramm*[71]), ersterer zuerst kurz in der Münchener medizinischen Wochenschrift 1921, letzterer zunächst mündlich im Halleschen Ärzteverein, dann aber ausführlicher im Archiv für Psychiatrie, Bd. 70, haben einen Überblick über die Erfahrungen der Behandlung der Nerven- und Geisteskrankheiten mit der Preglschen Jodlösung gegeben.

Die folgenden Bemerkungen über Zusammensetzung dieser Jodlösung entlehne ich der *Schramm*schen Arbeit.

Die Preglsche Jodlösung als Presojod von den Cedentawerken A.-G. in Berlin in den Handel gebracht, ist eine nicht reizende Jodlösung und hat die Eigenschaft, das Jod erst am Orte der Erkrankung zur Wirkung gelangen zu lassen. „Die Jodlösung enthält außer geringen Mengen von freiem Jod nur einige Jodverbindungen, aus denen durch schwache organische Säuren immer wieder neue Mengen vom elementaren Jod in Freiheit gesetzt werden. Sie stellt ein wässeriges Lösungsgemenge von etwa 0,035—0,04% freiem Jod dar, enthält neben Natriumionen und freiem Jod Jodionen, Hypojodid und Jodationen und außer diesen keine körperfremden Bestandteile. Die besondere Eigenart der Lösung besteht darin, daß sie in ihrer Zusammensetzung chemisch und physikalisch den Eigenschaften des Blutes angepaßt ist, d. h. sie kommt in bezug auf osmotischen Druck und Reaktion diesen Eigenschaften der Gewebe und Körperflüssigkeiten sehr nahe und wird erfahrungsgemäß von den verschiedensten Geweben und Schleimhäuten schadlos vertragen." An sich ist die Lösung steril und hat desinfizierende Wirkung. Sie hat eine rötlich-braune Farbe und ist mit Paraffinkorken abgedichtet und vor grellem Licht zu schützen. Eine neue Jodlösung, die sich lediglich durch eine zehnfache Stärke und Wirksamkeit auszeichnet gegenüber dem „Presojod", wird unter dem Namen „Decomplex" in den Handel — von derselben Firma — gebracht.

In der *Anton*schen Nervenklinik wurde die Preglsche Lösung subcutan, intramuskulär, intravenös, in die Carotis, endolumbal und in den Confluens sinuum nach Trepanation des Schädels nach *Anton* und *Voelcker* zum Zwecke der direkten „Gehirndesinfektion" (*Anton*) angewandt.

Am besten hiervon soll sich die intravenöse Methode — in die Cubitalvene — erwiesen haben, die das eine Unangenehme an sich hat, daß sie bei mehreren Injektionen individuell thrombosiert unter der Erscheinung eines dünnen harten Stranges, der eine weitere Injektion bis zur Heilung verhindert. Mitunter treten nichts besagende regionäre Hautödeme auf. Bei gewisser Sorgfalt, bei guter Injektionstechnik und bestem Material an spitzen Spritzen kam es höchst selten zu Gefäßspasmen, phlebitischen Entzündungen und Thrombosen. Sollte es zu Thrombosen kommen, so sind sie am besten mit Wärme zu behandeln, die hier höchst selten aufgetretenen Thrombosen haben in keinem der Fälle zur Embolie geführt.

Durch die neuerdings von *Payer* hergestellte Pepsin-Pregl-Lösung soll das Auftreten einer Thrombose von vornherein in Wegfall kommen.

Als zweite Injektionsmethode sei noch die intramuskuläre — in die Glutaenmuskulatur —, die sich ebenfalls als brauchbar erwiesen hat, und die subcutane Injektion erwähnt, ein etwa auftretender Dehnungsschmerz geht schnell vorüber.

Nach den Erfahrungen der hiesigen Nervenklinik äußern sich die Erscheinungen nach der Jodinjektion wie folgt: vorübergehende Temperatursteigerung bis 37,5°, leichtes Abgespanntsein, leichtes Kopfweh, sowie etwas Übelkeit.

Ferner wurde ein geringer Jodschnupfen und einmal ein leichtes Jodexanthem bemerkt, Erscheinungen, die bei der Jodtherapie bekannt sind, sie verschwinden sehr schnell wieder.

Die Einspritzung erfolgte durchschnittlich alle zwei bis fünf Tage eine Injektion, und zwar nach vorheriger Probeinjektion in der Menge von 50—60 ccm Presojod und 5—10 ccm Decemplex bei Erwachsenen und 20—40 ccm Presojod und 5—10 ccm Decemplex bei Kindern. Die Anwendungsweise von *Economo* bietet keinen besonderen Vorzug. Während Jod bekannterweise im Harn und Speichel ausgeschieden wird, findet es sich nicht im Liquor — Untersuchung von *Kochmann* — (auf die undurchlässigen Meningen zurückzuführen [*Eskuchen*[21])]).

Diesen Ausführungen lasse ich nunmehr eine Anzahl Krankengeschichten folgen, aus denen die Wirkung der Preglschen Jodlösung ohne weiteres ersichtlich wird.

Fall 1. K. O., 22 Jahre alt, Arbeiter. Aufnahme: 2. III. 1923. Chorea, Neuritis optica. Von der Medizinischen Poliklinik der hiesigen Nervenklinik mit der Diagnose: akute Chorea — Psychose? — überwiesen und auf Veranlassung des poliklinischen Arztes sofort aufgenommen.

Vorgeschichte: Nach Angabe des Patienten und seiner Mutter: Keine Heredität, Eltern und 4 Geschwister leben und sind gesund. Pat. war nie ernstlich krank, auch nicht geschlechtskrank, nur 1918 leichte Grippe; ohne daß irgendwelche Krankheitserscheinungen vorausgegangen wären, insbesondere katharrhalische Art oder Halsbeschwerden, erkrankte er am 29. I. 1923 mit Schwindel, Kopfschmerzen, Schlaflosigkeit, mit deliranter nächtlicher Unruhe, bei der er sich bei der Arbeit glaubte und großer allgemeiner Unruhe und Zappeligkeit.

Aufnahmebefund: Größe 1,74; 63 kg schwer, T. normal. Großer, magerer junger Mann von gesundem Aussehen mit gerötetem Gesicht und leicht umflortem Blick, der sich in ständiger Bewegung befindet, und zwar sind es nicht einzelne Zuckungen, sondern unwillkürliche koordinierte Bewegungen des Rumpfes und der Extremitäten, außerdem unruhige Mimik und Verziehen des Gesichtes und häufige Drehbewegungen des Kopfes. Die Zwangsbewegungen der rechten Seite sind etwas stärker als die der linken. Der Muskeltonus ist in der Ruhe normal, bei passiven Bewegungen etwas hypotonisch, grobe Kraft ist ungeschwächt.

Zielbewegungen können mit Armen und Beinen ohne Zittern und ohne Durchkreuzung durch unwillkürliche Bewegungsimpulse ausgeführt werden.

Tricepsreflexe lebhaft. Knie- und Achillessehnenreflexe beiderseits gleich lebhaft, keine Kloni, keine pathologischen Reflexe. Hyperästhesie der Fußsohlen.

Bauchdecken- und Cremasterreflexe nicht auslösbar. Hautnachröten deutlich gesteigert. Romberg o. B. Gang nicht besonders auffällig.

Leichte Ptosis des linken Oberlides und leichtes Vibrieren beim Blick nach links. — Pupillen mittel- und gleichweit, rund; Licht- und Konvergenzreaktion prompt und ausgiebig. Fundus o. B. V. und VII. gleichmäßig innerviert. Starkes Zucken der Zunge beim Vorstoßen, Rachen nicht gerötet; Tonsillen nicht vergrößert, Organe der Brust- und Bauchhöhle o. B. Puls regelmäßig, nicht beschleunigt, Blutdruck RR. 120/100 mm Quecksilber, Urin o. B.

3. II. Pat. hat trotz M. 0,02 die Nacht sehr unruhig verbracht, warf sich beständig umher, mußte ins Gitterbett gelegt werden. Nach Bericht des Nachtpflegers soll er öfters vor sich hin gesprochen haben, schien verwirrt. Heute morgen ist er völlig klar. Die motorische Unruhe hat zweifellos zugenommen, Temperatur und Puls normal, nachmittags intravenöse Infusion von 20 ccm Preglsche Jodlösung.

4. II. Da sich die Unruhe immer steigert, werden Injektionen von Scopolamin-Morphin notwendig, die aber nur für einige Stunden Schlaf bewirken. Trotzdem

wachsende Agitation und Jaktation und umschriebene Rötungen der Haut an den dabei besonders betroffenen Stellen.

Es findet Verlegung in das Isolierhaus statt (Polsterbett). Pat. klagt über große Müdigkeit, Stimmungslage dabei leicht euphorisch, die Frage, ob er krank sei, beantwortet er ohne Zögern verneinend. Für Augenblicke trübt sich sein Bewußtsein, die Augen schließen sich, die Zuckungen werden geringer, daraus fährt er dann plötzlich auf und er erzählt offenbar aus deliranten Visionen heraus von einem Gespann, daß in der Nähe sei, von seinem Vater; teils ist er für das Pathologische dieses Zustandes einsichtig und bemerkt kurz: „ich habe geträumt". Einmal z. B. fährt er mit den Worten: „ich will nicht in die Kirche" aus dieser Bewußtseinstrübung auf und fügt erklärend hinzu: „ich sehe Sie gerade in die Kirche gehen, Herr Doktor, mit vielen anderen Leuten und da träumte ich, daß ich auch in die Kirche gehen wollte".

Gegen die Jaktationen wird Scopolamin in mäßigen Dosen (0,3—0,5 mg) gegeben, der Erfolg ist ein guter, nur hält er nicht lange an, meistens nur 4 Stunden.

Die geröteten Hautpartien am Gesäß und Schulterblättern werden mit Zinksalbe bedeckt.

5. II. Pat. hat in der Nacht mit Scopolamin (0,5 mg und Morphin 0,01 g) etwa 6 Stunden geschlafen. Nachmittags erfolgt intravenöse Injektion von 50 ccm Pregl-Lösung, danach zunächst keine merkliche Besserung, zur Nacht bekommt Pat. wiederum Scopolamin, Nahrungsaufnahme sehr gut.

6. II. Die choreatische Unruhe ist, verglichen mit der gestrigen, unzweifelhaft geringer geworden, Pat. erhält Essenszulage, Milch und Ei. Lumbalpunktion: Liquor klar, Druck nicht erhöht, Pandy + Nonne leichte Trübung, Lymphocyten 35 : 3 = 11.

Es besteht kein Krankheitsgefühl, auf Fragen gibt Pat. an, daß er ganz gesund sei, das bißchen Unruhe habe nichts auf sich. Mit Scopolamin 0,3 mg schläft Pat. 5 Stunden lang gut, danach beginnt die choreatische Unruhe wieder, aber schwächer als zuvor.

7. II. 50 ccm Pregl-Lösung intravenös injiziert.

Einige Stunden danach deutliche Verminderung der choreatischen Unruhe, Nahrungsaufnahme ist gut. Gegen die bestehende Obstipation Einlauf und Rhabarber. Psychisch sind die Succiditätsschwankungen geringer. Die kurzen Somnolenzzustände treten nicht mehr auf. Pat. ist völlig orientiert, leicht euphorisch, stellt nach wie vor in Abrede krank zu sein.

8. II. Temp. jetzt unter 37°, choreatische Unruhe weiterhin vermindert, in Bettlage nur noch in den Armen und Beinen, Gesichtszuckungen nur dann, wenn Pat. spricht. Appetit gut. Zur Nacht erhält er noch Scopolamin 0,3 mg, da sich die Unruhe gegen Abend steigerte.

10. II. Weitere Besserung, Gang kaum noch taumelnd. Unruhe in den Armen, nur bei intendierten Bewegungen deutlich, Gesichtsmuskulatur auch beim Sprechen frei.

11. II. Choreatische Unruhe heute wieder ein wenig stärker, wohl infolge einer Obstipation (Pat. hat gestern nur einmal Stuhlgang gehabt). 50 ccm Pregl-Lösung intravenös, darauf einige Stunden später ist die Unruhe deutlich vermindert. Scopolamin wird abends nicht mehr gegeben, Pat. schläft gut.

12. II. Pat. macht heute einen Rekonvaleszenteneindruck, Gesichtsfarbe nicht mehr blaß.

14. II. Choreatische Unruhe ist völlig verschwunden, subjektives und objektives Wohlbefinden. Pupillen reagieren auf Licht und Konvergenz gut.

15. II. Folgt Verlegung zum Männerwachsaal.

16. II. Kopf frei beweglich, nicht klopfempfindlich, Pupillen mittelweit und rund, rechts eine Spur weiter als links, Pupillenreflexe o. B., leichte Ptosis bdsts.,

links stärker als rechts. Beim Blick nach den Seiten, besonders nach links leichtes Zucken der Augäpfel. Trigeminus, Facialis, Hypoglossus o. B. Kein Zittern der Zunge, Armreflexe gleich gesteigert, kein Zittern der Hände, Zielbewegungen sicher, Greifbewegungen nach der Nadel etwas zögernd, keine Erschwerung passiver Bewegungen, Widerstand dabei rechts geringer als links. Grobe Kraft nicht herabgesetzt. Bauchdecken- und Cremasterreflexe rechts deutlicher als links. Bauchmuskeln gut gespannt. Kniesehnenreflexe mittelstark, rechts etwas lebhafter als links. Keine Kloni. Fußsohlenreflexe im Sinne der Beugung. Muskeltonus durchgängig schlaff, links schwächer als rechts, Zielbewegungen sicher, ohne Zittern, desgleichen Erheben der Beine, keine Paresen. Bei Fuß- und Augenschluß kein Schwanken.

20. II. Apathisch zu Bett, schlummert viel. Gesichtszüge schlaff, von geringer mimischer Bewegung. Starke Beschwerden von Paronychia am linken kleinen Finger. Pat. orientiert und geordnet, nur etwas salopp in seinem Benehmen.

21. II. Fingernagel im Chloräthylrausch entfernt.

25. II. Pat., der seit einigen Tagen stundenweise auf ist und wesentlich munterer geworden ist, fühlt sich heute wieder matt und wünscht zu Bett zu bleiben. Er klagt seit gestern über einen schwarzen Schleier und schlechtes Sehen auf dem rechten Auge.

27. II. Befund der Augenklinik: Neuritis optica bdts. bestätigt. Sehschärfe rechts $5/10$, links $5/5$.

28. II. Liquor durch etwas Blutbeimischung leicht getrübt, entleert sich unter erhöhtem Druck. Pandy leicht positiv, Nonne negativ, Lymphocyten 3 i. ccm. Lumbalpunktion wurde gut vertragen, Pat. ist gleich darauf eingeschlafen.

3. III. Wassermann im Blut und Liquor negativ. Wie Pat. vor einigen Tagen angab, hatte er sich vor einigen Monaten gonorrhoisch infiziert. Die Gonorrhöe sei etwa 4 Wochen vor dem Ausbruch der jetzigen Krankheit geheilt gewesen. Genitale und Urinbefund negativ. Wegen der Lumbalpunktion und der Sehnerventzündung wurde Pat. im Bett behalten, er schläft viel.

5. III. Pat. steht einige Stunden auf, liegt sonst apathisch im Bett, macht laut Pflegerbericht andere Patienten nach in ihren Gesten und sprachlichen Äußerungen und hält längere Zeit die Arme senkrecht in die Luft, schlägt dann wieder sinnlos auf den Bettrand, fühlt sich bald schwach, bald stark, läuft durch den Saal und belustigt sich mit allerlei clownhaften Bewegungen und Stellungen.

13. III. Pat. hat sich gut erholt, sieht wohl aus, Beschwerden von seiten des rechten Auges haben nachgelassen.

Benehmen läppisch, gebärdet sich äußerst wehleidig bei der Pregl-Injektion, so daß zur intramuskulären Injektion übergegangen werden mußte.

16. III. Leichte Lymphstrangentzündung des linken Vorderarmes mit geringer Temperaturerhöhung.

22. III. Lymphstrangentzündung abgeklungen, Pat. klagt über leichte Schmerzen im Knie links, geringe Temperaturerhöhung, leichtes Knarren im Knie und Druckempfindlichkeit.

24. III. Schmerzen haben nachgelassen, Befinden gut.

12. IV. Keine Änderung im Wohlbefinden.

26. IV. Es besteht noch eine leichte, allgemeine Unruhe, die vorgestreckten Hände bleiben ruhig, die Zunge kommt ruhig, Zielbewegungen sicher und ruhig.

28. IV. Untersuchung in der Augenklinik: Visus ist besser. Papillen können mit Ausnahme einer leichten Verschleierung als normal bezeichnet werden.

2. V. Pat. ist jetzt im allgemeinen ruhig. Zittern oder Zuckungen sind auch bei Aufregungszuständen nicht mehr zu bemerken. Pat. wird auf Wunsch mit 14 Tagen Schonung am 6. V. als geheilt entlassen.

Epikrise: Diesen Krankheitsverlauf bringe ich deshalb so ausführlich, weil er in mehreren Punkten höchst interessant erscheint.

Zu allererst sei gerade hier auf die Schwierigkeit in der Diagnosestellung aufmerksam gemacht. Zweifellos imponiert uns dieser Fall mit dem plötzlichen Ausbruch der Krankheitserscheinungen: Schwindel, Kopfweh, Schlaflosigkeit, deliranter nächtlicher, mit starker Zappligkeit einhergehender Unruhe, wobei sich der Pat. bei der Arbeit glaubte, sowie der Ptosis, zunächst unbedingt für Encephalitis cpidemica, auch das Fehlen der Bauch- und Cremasterreflexe, sowie das verhältnismäßig hohe Alter von 22 Jahren bei einem männlichen Individuum dürfte ebenfalls mehr für diese Krankheit sprechen. Der ganze Verlauf der Krankheit jedoch und die schnelle völlige Heilung in restitutio ad integrum, sowie die Art der Bewegungsstörungen, die nirgends an die „komplexeren Hyperkinesen" *Boströms* erinnern lassen, sprechen für die Chorea.

Dann aber zeigt uns dieser Fall den günstigen Einfluß, den die Preglsche Jodlösung nicht nur auf die motorische Unruhe, sondern auch auf die gestörte Psyche ausübt. Die bestehende Schlaflosigkeit und wilden Jaktationen werden zunächst mit Scopolamin und Morphin behandelt. Es läßt sich sofort Besserung und Schlaf erzielen, der aber immer nur ca. 5—6 Stunden anhält. Daraufhin setzt die Pregl-Injektion jeden 2. Tag ein. Während nach der ersten Injektion von 20 ccm intravenös noch keine Änderung im Befinden eingetreten ist, im Gegenteil die Bewegungsunruhen haben am 4. und 5. II. noch an Stärke zugenommen, zeigte sich am 6. II., nach einer 2. Injektion von 50 ccm eine günstige Wendung in bezug auf die Motorik wie auf die Psyche. Im weiteren Verlauf tritt dann noch der Unterschied der Wirkungsart beider Arzneimittel: Scopolamin-Morphin als palliatives Mittel auf der einen Seite, sowie die Preglsche Jodlösung als von bleibender Wirkung, auf der anderen Seite, markant hervor. So haben wir am 6. II. nach der 2. Preglinjektion bei diesem überaus schweren Krankheitsfall nicht nur eine wesentliche Besserung der choreatischen Bewegungsstörung zu buchen, sondern auch im Allgemeinbefinden eine Erleichterung zu verzeichnen. Das Gefühl des Krankseins besteht nicht mehr.

Am 7. II. treten die Bewegungsstörungen zunächst wieder etwas heftiger auf, aber nicht so stark wie vor der Behandlung mit der Jodlösung. Es werden wiederum 50 ccm intravenös injiziert. Die Wirkung tritt nach geraumer Zeit unzweifelhaft ein und ist von Dauer, so daß die Unruhebewegungen deutlich vermindert sind, auch sind die Suciditätsschwankungen geringer geworden.

Am 4. II. — nach ca. 14 tägiger Krankheitsdauer — ist Pat. mit 4 Pregl-Injektionen so weit hergestellt, daß die choreatische Unruhe beseitigt und das Allgemeinbefinden gut ist.

Am 16. II. treten die Bauchdecken- und Cremasterreflexe wieder in Erscheinung, während eine leichte Ptosis bdsts. noch besteht. Auffällig ist die in den nächsten Tagen aufgetretene Apathie und Schlaflosigßeit, die allerdings nur vorübergehend ist. — Die operativ behandelte Paronychia des Kleinfingers im Chloräthylrausch übte auf das Allgemeinbefinden des Pat. indessen keinen Einfluß aus.

Die nach einigen Tagen sich entwickelnde Neuritis optica, die, wie oben erwähnt, laut Literaturangabe hin und wieder bei Chorea minor beobachtet wird, aber mit dieser Krankheit in keinerlei Beziehung stehen soll, heilte nach einer Lumbalpunktion ohne weiteres glatt ab.

Weiterhin demonstriert uns dieser Fall, daß der Eingriff der intravenösen Injektion gegen Ende der Preglkur ziemlich unangenehm empfunden wurde und daß es zur Affektäußerung kam, die diese Art der Applikation unmöglich machte und auf die Psyche von derartiger Wirkung war, daß erneut leichte Unruhen wieder auftraten. Am 6. V. wurde dann Pat. als geheilt entlassen. Am Schlusse der nun folgenden kürzeren Krankenberichte werde ich auf die obigen Bemerkungen nochmals zurückkommen.

2. Fall. K. G., 24 Jahre alt, Klempnersfrau, Chorea gravidarum. Aufnahme am 27. X. 1921. Wird von der Frauenklinik überwiesen. Angeblich keine Heredität. Als Kind Masern und Scharlach durchgemacht. Mit 10 Jahren das 1. Mal Veitstanz gehabt, der rezidivierte, so daß die Schule 4 Jahre lang versäumt werden mußte. 1919 geheiratet, 1920 künstlicher Abort wegen Veitstanz im 6. Monat, bei Auftreten der ersten choreatischen Erscheinung im 4. Monat.

Jetzt wieder im 3. Schwangerschaftsmonat — letzte Regel Mitte August — choreatische Erscheinungen, sonst keinerlei Beschwerden, kein Erbrechen.

Befund: Außer spontanen unregelmäßigen Bewegungen der Gesichtsmuskulatur der Arme und Beine mäßigen Grades, die in der Bewegung stärker in Erscheinung treten, kein wesentlich körperlicher und psychischer Befund. Verordnung: Isolierung und Antipyrin, sowie ab 7. XI. Jodlösung 25 ccm intravenös.

17. XI. Pat. wird auf Wunsch als gebessert nach Haus entlassen (choreatische Unruhe ist nur bei psychischer Erregung minimal vorhanden).

3. Fall. F. M., 10 Jahre alt, Chorea minor. Aufnahme am 11. IX. 1924.

Vater gesund, Mutter sehr labil, weint ohne Grund, Vater der Mutter war in der Irrenanstalt; Verwandtschaft 3. Grades. Im ersten Lebensjahre Lungenentzündung durchgemacht, sonst gesund.

Befund: Pat. ist schüchtern und labil, weint aber nicht, bezwingt sich und gibt auf alle Fragen Antwort. Psychisch außer der Labilität keinerlei Anomalien. Beim Examinieren erhebliche Unruhe. Unruhebewegungen im Gesicht und Extremitäten.

Körperlicher Befund: außer Vergrößerung der Tonsillen zeigt Pat. keinerlei nennenswerte Veränderungen, Bauch-, Arm- und Beinreflexe lebhaft, Sensibilität o. B. Therapie: Dunkelzimmer, Arsenkur. 19. IX. 15 ccm Pregl-Lösung intravenös.

20. IX. Pregl-Lösung gut vertragen. Unruhebewegungen haben deutlich nachgelassen.

24. IX. Weitere 15 ccm Pregl-Lösung intravenös gut vertragen.

13. X. Die choreatische Unruhe hat sich weiterhin vermindert.

27. X. Pat. wird auf Drängen der Mutter als gebessert nach Hause entlassen.

4. Fall. K. F., 11 Jahre alt, Chorea minor. Aufnahme: 5. XII. 1924.
Mutter hatte als Kind auch Chorea; Familienanamnese sonst o. B. Vor 14 Tagen schwerer Beginn der Chorea. Pat. schläft fast nicht, muß gefüttert werden, wirft sich im Bett hin und her.

Körperlicher Befund: Vergrößerung und starke Zerklüftung der Tonsillen. Beim Beklopfen der Sehnen tritt durchweg choreatisches Nachzucken auf, Sensibilität intakt. Die Kehlkopfmuskulatur ist befallen. Pat. gibt allerlei unwillkürliche Töne von sich. Sprache ist aphonisch, oft werden die Worte nur halb ausgesprochen, dann tritt choreatische Störung der Artikulation dazwischen. Der Gang ist absolut unsicher, teils überhastet, stolpernd, teils ataktisch schwankend, fortgesetzt abgelenkt durch choreatische Unruhe.

Psychischer Befund: Der Intellekt intakt, Befehle werden ausgeführt und richtig verstanden.

Pat. wird sofort in ein Einzelzimmer gelegt und erhält neben Luminal 0,1 Scopolamin 1 Teilstrich, zweimal täglich 5 Arsentropfen. Ab 15. XII. täglich 1 Eßlöffel 1 : 15 Jodkali, sowie die Preglsche Jodlösung jeden 3.—5. Tag bis zum 29. XII. 1924.

9. XII. Die choreatische Unruhe hat sich etwas gelegt. Sprechen ist unmöglich, offenbar infolge choreatischer Störungen an Zunge und Kehlkopf.

16. XII. Artikulation und Phonation deutlich und klarer, Nachlassen der choreatischen Unruhe, immer noch psychisch labil.

23. XII. Choreatische Unruhe weiterhin gebessert. Stimme noch leise.

29. XII. Fortschreitende gleichmäßige Besserung, bei Erregungen jedoch tritt die Chorea nech deutlich hervor. So bei der Preglschen Injektion.

5. I. Chorea weiterhin gebessert.

12. I. Es wird nur noch geringe Unruhe in den Fingern bemerkt. die Sprache ist freier und klar.

21. I. Keine choreatische Unruhe mehr.

28. I. als geheilt entlassen.

5. Fall. B. H., 9 Jahre, Schüler. Chorea minor. Aufnahme am 16. II. 1925. Familienanamnese o. B.

Befund: Vater trinkt und raucht viel. Mutter gibt an, daß Pat. keine ernsten Krankheiten durchgemacht und daß er seit 1923 unter Anfällen zu leiden hätte, die ca. 1—1½ Minuten anhielten und ohne Zungenbiß, aber mit Bewußtlosigkeitserscheinungen sich gestalteten. In letzter Zeit hätten sich die Anfälle bedeutend vermehrt, so daß bis ca. 10 Anfälle an einem Tage gezählt wurden. Würmer wurden nicht bemerkt.

Körperlicher Befund: o. B. Während der Untersuchung sehr unruhig, macht choreatische Bewegungen, grimassiert und zeigt sich sehr schamhaft. Je größer die Erregung, um so ausgesprochener werden die Bewegungsstörungen.

Pat. wird mit Erlmeyertabletten, Fowlerischer Lösung und Preglösung behandelt, und zwar jeden 3.—4. Tag 10 ccm intravenös injiziert.

27. II. Choreatische Bewegungsstörungen noch sehr lebhaft. Kleine Anfälle will er noch zweimal pro die gehabt haben. Von dem Pflegepersonal wurde jedoch kein Anfall beobachtet.

3. III. Kein Anfall beobachtet, choreatische Unruhe etwas geringer geworden.

21. III. Unter der Behandlung von Pregl-Injektion und völliger Ruhe bessert sich der Zustand weiterhin ganz wesentlich. Die choreatischen Bewegungsstörungen sistieren in der Ruhe vollkommen.

25. IV. Da Pat. sich weiterhin gebessert hat, wird er nun als symptomfrei entlassen.

6. *Fall.* R. J., 15 Jahre alt, Schneiderlehrling. Chorea minor. Aufnahme am 11. VI. 1925.

Familienanamnese: 1 Cousine soll Veitstanz gehabt haben, sonst o. B. Als Kind Rachitis, Masern und häufig Mandelentzündung. Seit 27. IV. wegen schwerer Chorea bei Facharzt in Behandlung, wobei Arsenkur, Behandlung mit Bädern, Brom, Veronal ohne jeden Erfolg geblieben sind, im Gegenteil der Zustand hatte sich nach Angabe des Facharztes derart verschlechtert, daß das Essen, Sprechen und Schlafen sowie Gehen unmöglich wurden, so stark waren die choreatischen Unruhebewegungen und Jaktationen.

Befund: Hochgradige choreatische Unruhe und lebhafte ausfahrende unkoordinierte Bewegungen im ganzen Körper. Am stärksten ist die Unruhe im rechten Arm und linken Bein. Aktive Bewegungen sind möglich, aber durch Zwischenimpulse sehr gestört. Rumpf, Kopf- und Gesicht sind an der Hyperkinese weniger beteiligt. Bei gewollten Bewegungen nimmt die Unruhe noch zu, sie steigert sich aber nicht bis zu Jaktationen.

12. VI. Injektionen von 10 ccm Dezemplexlösung intravenös, Antipyrin.

15. VI. Pat. ist sichtlich etwas ruhiger geworden, die choreatischen Bewegungen sind nicht mehr so ausfahrend. Seit gestern Menses.

22. VI. Dritte Pregl-Injektion von 15 ccm. Pat. ist sichtlich ruhiger geworden, kann teilweise schon allein essen, Sprache, Mimik ebenfalls gebessert.

28. VIII. Zwölfte Pregl-Injektion von 15 ccm. Beim Schreiben ist nur ab und zu etwas Ausfahren zu bemerken, ebenso vor den Injektionen. Pat. wird heute auf Wunsch der Eltern als geheilt entlassen.

7. *Fall.* G. R., 12 Jahre alt. Schüler. Chorea minor. Aufnahme am 1. VII. 1925. Familienanamnese o. B.

Keine Kinderkrankheiten, keine Würmer. Seit 6. VI. in ärztlicher Behandlung mit Arsenkur. Besserung wollte nicht fortschreiten, so daß Pat. hier zur Aufnahme gelangte.

Befund: Es fällt sofort eine choreatische Unruhe auf, Zuckungen besonders in der linken Hand. Zunge beim Ausstrecken ebenfalls unruhig. Tonsillen und Halsdrüsen in toto etwas vergrößert, Thymus perkutierbar.

5. VII. Unter der Therapie — Isolierung und Abdunkelung, Antipyrin 2mal tägl. 0,25, milde Infusion von Pregl-Lösung, 5 ccm — hat sich bereits eine leichte Besserung bemerkbar gemacht, doch sind die choreatischen Zuckungen noch ziemlich deutlich. Die Milz ist als harter Tumor 2½ Querfinger breit unterhalb des Rippenbogens deutlich fühlbar.

8. VII. 6 ccm Pregllösung gut vertragen.

10. VII. Choreatische Unruhe zurückgegangen, ebenso Schwellung der Milz.

15. VII. 10 ccm Pregllösung.

25. VII. Junge ist froh und munter, keine choreatische Unruhe mehr. Die Milz ist nicht mehr deutlich zu fühlen. Pat. wird als geheilt entlassen.

8. *Fall.* L. G., 13 Jahre alt, Schulkind. Hemi-chorea minor. Aufnahme 7. VII. 1925. Familienanamnese o. B. Als Kind Masern gehabt. Seit Jahren in med. Poliklinik zur Behandlung wegen Veitstanz. Vor Weihnachten 1924 Mandelentzündung, vor 4 Wochen regte sich Pat. über ihren betrunkenen Vater derart auf, daß ihr Zustand bedenklich wurde, so daß die medizinische Poliklinik, die mit Arsentropfenkur die Pat. behandelte, dringend die Aufnahme in die hiesige Nervenklinik empfahl.

Befund: Corneal- und Bindehautreflexe sehr lebhaft, ticartige Bewegungen im Bereiche des linken Mundfacialis, ganz vereinzelt auch in den anderen linken Facialisästen. Zunge wird gerade, aber unter gewissen Wogen- und Unruhebewegungen der ganzen Zunge anscheinend mit einer gewissen Anstrengung herausgestreckt; Tonsillen bdsts. vergrößert und zerklüftet. Im Bereiche des Musculus trapezius häufig unwillkürliche ticartige Bewegungen. — Neben den Willkürbewegungen fallen ausfahrende, ungeschickte, unwillkürliche Bewegungen nur auf der ganzen linken Körperhälfte auf, besonders stark im Bereiche der linken Schulter und linken Hand, geringer im Bereiche des linken Facialis und ganz vereinzelt auch im linken Bein und Fuß. Vorbeifahren bei Greifbewegungen der linken Hand deutlich erkennbar. Beim Vorstrecken beider Hände deutliche Unruhebewegungen von athetotischem Charakter aller gespreizten Finger, besonders des Daumens und des 4. und 5. Fingers links.

9. VII. 1. Pregl-Injektion je 15 ccm.

13. VII. 2. Pregl-Injektion von 15 ccm. Die Unruhe ist sichtlich zurückgegangen. Sprache ist nicht gestört.

18. VII. 3. Pregl-Injektion von 20 ccm wird gut vertragen.

1. VIII. Kind sehr emotiv und affektlabil, weint leicht, choreatische Unruhe läßt weiter nach. Die regelmäßigen — einmal in der Woche — applizierten Pregl-Lösungen intravenös werden gut vertragen.

21. VIII. 10 ccm Pregl-Lösung intraglutaeal. Kind hatte große Furcht und weint bitterlich schon vor der Injektion.

3. IX. Es sind zum 1. Mal die Menses aufgetreten, Kind fühlt sich wohler und ruhiger.

7. IX. Menses zu Ende, Kind zeigt keine choreatische Unruhe mehr, fühlt sich wohl.

10. IX. Teilweise läßt sich noch eine leichte Fahrigkeit in der Motilität feststellen. Psychisch vielfach vorlautes Wesen und Stimmungslabilität. Pat. wird als wesentlich gebessert entlassen.

9. Fall. G. O., 12 Jahre alt, Schüler. Chorea minor, Vitium cordis. Aufnahme: 4. VIII. 1925. Familienanamnese ohne besonderen Befund.

Eigene Anamnese: Keine Kinderkrankheiten durchgemacht. Im April 1925 traten Zuckungen auf in den Armen und Beinen.

Befund: Lidbindehautreflexe bdsts. fehlen. Im ganzen Gebiet des Facialis — und auch die Kopfdreher und -wender — deutliche choreatische Unruhe zu sehen, mitunter zeigen die Augenmuskeln ähnliche Störungen. Grimassieren im Gesicht, in den Beinen und Armen choreatische Unruhbewegungen, die durch den Willen in geringem Maße günstig beeinflußt werden können, bei geistiger Arbeit jedoch in verstärktem Maße sich zeigen. Zunge, gerade herausgestreckt, zeigt ebenfalls choreatische Unruhe, pfeifendes diastolisches Geräusch an der Herzbasis. Muskulatur schlaff und hypotonisch. Reflexe und Sensibilität intakt. Psychisch etwas labile Stimmungslage.

11. VIII. Behandlung mit intraglutaealer Pregl-Injektion — jeden 4. Tag 15 ccm — Antipyrin 2 mal 0,25 und abgedunkeltes Zimmer. Pat. verträgt die Injektion gut, die choreatische Unruhe hat sich schon deutlich, wenn auch geringgradig gebessert, im Gesicht jedoch noch erhebliches Grimassieren.

20. VIII. Besserung der Unruhbewegungen schreitet an den Extremitäten bei fortgesetzter Jodbehandlung fort, auch im Gesicht hat das Grimassieren merklich nachgelassen. Pat. steht öfter ohne Erlaubnis auf.

6. IX. Keine wesentliche Besserung im Befinden. Pat. wird auf Wunsch der Mutter als gebessert entlassen.

10. Fall. F. M., 17 Jahre, Arbeiterin. Chorea minor. Aufnahme: 28. VIII. 1925. Familienanamnese ohne besonderen Befund.

Eigene Anamnese: Als Kind Masern gehabt, sonst nie krank gewesen. Jetzige Krankheitserscheinungen begannen zuerst Mitte Juni und nahmen dann an Stärke zu.

Befund: Pat. befindet sich in dauerndem Unruhezustand, sie wirft den Kopf zuckartig zur Seite, greift mit ausfahrenden, ungeschickten Bewegungen an den Kopf, wirft sich unruhig im Bett herum mit schnellen, ruckartigen Bewegungen des ganzen Körpers. Ticartige Zuckungen in allen Ästen des Facialis, lebhaftes Lidflattern, zuweilen wird die Zunge blitzartig herausgestreckt und sofort wieder hereingezogen. In allen Muskelgruppen der Arme treten plötzliche, kurz anhaltende Zuckungen auf, die Arme machen unwillkürliche, ausfahrende, schlenkernde Bewegungen, die Hände ebenfalls.

Psyche: Pat. sehr reizbar, auffallend lebhafter Stimmungswechsel, keine Schmerzen.

28. VII. 1. Pregl-Injektion, 15 ccm, intraglutaeal, 3 mal tägl, 0,5 Antipyrin.

1. IX. In geringem Maße haben die choreatischen Bewegungsstörungen nachgelassen, sonst Befinden wie oben.

7. IX. Dritte Injektion von 15 ccm Pregl-Lösung intravenös. Die choreatische Unruhe geht nur langsam zurück, Kopf und Rumpf noch stark beteiligt, Psyche wie oben unverändert.

15. IX. Seit gestern Menses, Zustand jetzt deutlich gebessert. Unruhe geringer, wenn auch noch deutlich sichtbar, Stimmung noch labil.

18. IX. 6. Injektion von 15 ccm Pregl-Lösung intravenös. Weiter fortschreitende Besserung, Stimmung noch sehr labil, Weinkrämpfe.

5. X. Pat. in Gegenwart des Arztes noch etwas aufgeregt und befangen. Sonst befindet sich Pat. bei Objekthantierungen vollkommen ruhig, vielleicht nur noch eine Idee zitterig.

21. X. 11. Injektion von 15 ccm Pregl-Lösung intravenös. Im Mundfacialisgebiet heute wieder deutliche Zuckungen, vereinzelt auch in den Armen, obgleich die Beine merkwürdigerweise fast ruhig scheinen.

24. X. Wohlbefinden der Pat. Vereinzelte choreatische Zuckungen im Gesicht und der Hand. Es werden Bewegungsübungen ausgeführt.

12. XI. Während im Liegen kaum noch Unruhbewegngen wahrgenommen werden, ist die Labilität der Stimmung noch unverändert. Pat. weint bei der geringsten Kleinigkeit.

24. XI. Es erfolgt Entlassung als gebessert.

Betrachten wir die oben angeführten Krankengeschichten im gleichen Sinne wie die schon besprochene erste, so finden wir durchweg die gute Wirkung der Preglschen Jodlösung sowohl auf die motorischen Unruhebewegungen als auch auf die teilweise gestörte Psyche auch in diesen Fällen bestätigt. Wenn auch in den Fällen 2—5 neben der Pregl-Lösung noch die Arsenkur, das Brom und verschiedene Schlafmittel zur Unterstützung therapeutisch mit Anwendung fanden, so daß der gute Ausgang — in den ersten beiden Fällen, 1 nach 3 Wochen, 2 nach 6 Wochen Behandlung als gebessert entlassen, sowie die beiden anderen Fälle 4 und 5 als geheilt entlassen — nach Ansicht scharfer Kritiker nicht allein der Preglschen Jodlösung zugeschrieben werden kann, obgleich fast nach jeder Injektion in bestimmter Zeit die Einwirkung der Jodlösung sich deutlich durch bleibende Verminderung der choreatischen Bewegungsstörungen zu erkennen gibt, so lassen drei Fälle eindeutig die gute Wirkung des Jods, selbst in den hartnäckigsten Formen, in Erscheinung treten.

Es handelt sich um die Krankengeschichten 6, 7 und 8. Alle drei Patienten gelangten mit dem Vorbericht zur hiesigen Nervenklinik: Patienten befinden sich seit längerer Zeit — Fall 8 seit drei Jahren — mit der Arsenkur in ärztlicher Behandlung, wobei das Leiden eher zur Verschlechterung neige als zur Besserung. Fall 6 stand in 6wöchiger fachärztlicher Behandlung.

Wenn wir uns auch vollkommen bewußt sind, daß bei der häuslichen Pflege das Haupterfordernis einer Chorea minor-Behandlung absolute Ruhe, Isolierung und sachgemäße Pflege nicht so strikte durchgeführt werden kann, wie in einer Klinik, so dürfen wir die Vorteile einer Behandlung im Elternhause ja nicht unterschätzen. Es ist bekannt, daß besonders bei kranken Kindern bei Verlegung außerhalb der elterlichen Wohnung die kindliche Psyche unter Insuffizienzgefühlen mehr oder weniger zu leiden hat, die auf die Therapie und auf den ganzen Krankheitsverlauf der Chorea minor derartig einwirken können, daß es ein dringendes Erfordernis werden kann, zwecks Erzielung einer baldigen Genesung die erkrankten Kinder unter möglichster Berücksichtigung von Ruhe, Isolierung und sachgemäßer Pflege im Elternhause zu belassen.

Meiner Ansicht nach ist es daher unrichtig zu sagen, die von alters her sich als gut erwiesene Arsenkur hätte nur deshalb in allen drei Fällen versagt, weil die für die Therapie der Chorea minor von vornherein erforderlichen Maßnahmen außer acht gelassen worden wären. Vielmehr vertrete ich den Standpunkt, daß das Arsen nebst den angewandten Schlafmitteln in diesen drei Fällen, die sich durch besondere Hartnäckigkeit auszeichneten, sich in erster Linie als zu schwach erwiesen, um eine baldige Heilung zu erzielen; in zweiter Linie erst könnte man die häusliche Pflege beschuldigen, wie ja ganz zweifellos die erfolgreiche Behandlung in der Klinik es dartut.

Die klinische Behandlung dieser drei Patienten setzte natürlich mit den drei entsprechenden Erfordernissen: Ruhe, Isolierung und sachgemäße Pflege ein, sowie mit der Infusion der Prégllösung nach der oben geschilderten Methode. Nach der ersten bzw. zweiten Injektion sehen wir schon eine merkliche Besserung der choreatischen Bewegungsstörungen dieser hartnäckigen Fälle auftreten. Im Falle 6, der zu Beginn der Einlieferung am 11. VI. 1925 hochgradige, choreatische Unruhe am ganzen Körper zeigte, so daß das Gehen, Schlafen und Essen unmöglich wurde, war die Besserung nach der dritten Prégl-Injektion soweit fortgeschritten, daß die Pat. nach 11tägigem Klinikaufenthalt schon wieder zeitweise allein essen konnte und das Sprechen und die Mimik wieder freier wurden. Das gleiche ist im wesentlichen auch im Fall 7 und 8 zu beobachten. So schreitet die Besserung des Allgemeinbefindens unter der Behandlung der Jodinjektion von Tag zu Tag weiter. Im Fall 6 waren 12 Infusionen à 15 und 20 ccm nötig, bis die Entlassung erfolgen konnte. Im Fall 7 nur drei à 5—10 ccm bis zur Heilung, während im Fall 8 fünf Injektionen à 10—15 ccm bis zur Entlassung appliziert wurden.

So wie wir hier in diesen drei Krankengeschichten, die wir wohl als Richtschnur betrachten können, die gute Wirkung der Preglschen Jodlösung haben beobachten können, so findet sie sich auch in der Gesamtheit aller Fälle als durchweg bestätigt. Doch in den beiden schon erwähnten Fällen jedoch, die zum Exitus letalis gekommen sind, der eine mit Pneumonie, Pleuritis, Perikarditis, Herzfehler vergesellschaftet, der zweite als Chorea scarlatina, in der Literatur prognostisch als infaust bekannt, vermochte die Preglsche Jodlösung den unvermeidlichen Ausgang nicht zu verhindern. Auch konnte sie auf die Chorea Huntington nicht immer einen Einfluß ausüben.

Auf die Chorea gravidarum — Fall 2 — übte sie indessen auch einen guten Einfluß aus; während die erste Schwangerschaft der Pat. unterbrochen werden mußte, konnte die 2. Schwangerschaft konservativ mit der Pregllösung behandelt werden.

In einem Fall — 5 — litt der Pat. an kleinen Anfällen, die laut Anamnese als Petit mal angesprochen werden müssen. Auch hier erweist sich die Jodkur als dienlich. Schon nach den ersten Injektionen verminderte sich die Zahl der täglichen Anfälle, die vor der Aufnahme auf 10 geschätzt wurden, auf zwei, und einige Tage später wurden laut Bericht keine Anfälle mehr bemerkt. — Über die gute Wirkung der Jodlösung auf die Epilepsie und andere Nerven- und Geisteskrankheiten berichtete bereits schon *Schramm* in seiner Arbeit. Sie sei durch diesen Fall noch erhärtet.

Es hat sich ferner gezeigt, daß die Jodlösung nach *Pregl* in allen 10 Fällen von den Patienten durchweg gut vertragen wurde. In keinem der Fälle kam es zu toxischen Erscheinungen irgendwelcher Art, obgleich einige Patienten nach und nach eine Gesamtdosis von 250 ccm appliziert erhielten.

Während die Anwendungsmethoden intravenös wie intraglutaeal keine wesentlichen Komplikationen im Gefolge hatten, sei es durch Thrombose oder Spasmus der Venen oder gar Embolie, so riefen die intravenösen Injektionen jedoch, besonders gegen Ende der Kuren, wo sich die Patienten schon auf dem Wege der Genesung befanden, in 4 Fällen Affektäußerungen hervor, die nicht nur allein eine weitere Applikation der Lösung verhinderten, sondern die auch die schon erheblich in ihrer Intensität verminderten choreatischen Unruhebewegungen wieder stärker in Erscheinung treten ließen.

Diese unangenehme Nebenerscheinung ist der einzige Übelstand, den die Therapie der Pregl-Lösung bei der Chorea zuweilen aufweist.

Es wäre vielleicht so zu umgehen, daß man, sobald man während der Jodkur wahrnimmt, daß die intravenösen Injektionen unangenehm empfunden werden, evtl. versucht, die Lösung subcutan zu geben, oder, wenn damit nicht die gewünschten Resultate erzielt werden, die Decemplex- bzw. Pregl-Jod-Therapie abbricht, um mit der Arsenkur fortzufahren in der Behandlung. Überhaupt hat sich die Kombination: Pregl-Lösung + Arsenkur als sehr zweckmäßig erwiesen. Ich bin fest überzeugt, daß durch Abstellung dieses Übelstandes evtl. die Resultate der Preglschen Jodlösungstherapie weiterhin nach der guten Seite hin beeinflußt werden können, besonders in bezug auf die Behandlungsdauer.

Die Krankheitsdauer betrug bei der Pregl-Therapie im Durchschnitt 4—6 Wochen. In den günstigsten Fällen wurde in drei Wochen Heilung erzielt, in den hartnäckigsten einhergehenden nach 6—8 wöchiger Behandlung.

Die obigen Ausführungen über die Preglschen Jodlösungen lassen sich folgendermaßen kurz zusammenfassen:

Die Preglsche Jodlösung wurde durchweg gut vertragen und machte in therapeutischer Dosis — jeden 2.—5. Tag 40—60 ccm Presojod (5—10 ccm Decemplex) für Erwachsene, 20—40 ccm Presojod (5—10 ccm Decemplex) für Kinder — keinerlei toxische Erscheinungen.

Die Wirkung der Pregl-Lösung setzte verhältnismäßig schnell ein und ist von anhaltender Dauer bei der Chorea minor, dabei durchschnittlich Krankheitsdauer von ca. 4—6 Wochen.

Auf Grund ihrer Ungiftigkeit kann sie auch in der Ambulanz Verwendung finden.

Es empfiehlt sich, um Affektäußerungen und ihre unausbleiblichen Folgen zu verhindern, in der Rekonvaleszenz der Chorea minor von der intravenösen Injektion abzusehen und die Pregl-Lösung, wenn möglich, versuchen subcutan zu geben, anderenfalls die Arsentropfenkur fortzusetzen ist.

Durch diese Eigenschaften wird sich die Preglsche Jodlösung unter den bisherigen therapeutischen Maßnahmen der Chorea minor den ihr gebührenden Platz sichern.

Schon von alters her ist die gute Wirkung des Jods bei den mancherlei Entzündungsprozessen bekannt. Es hat bactericide und entzündungshemmende Eigenschaften und die besonders günstige Eigenart — in Lösung der Blutbahn mitgeteilt — auf dem direkten Wege zum geschädigten Organ hingelangt, am Locus minoris resistentiae seine guten Eigenschaften zu entfalten und voll zur Geltung zu bringen.

Ferner wissen wir von dem guten Einfluß, den das Jod oft auf die inkretorische Tätigkeit der Schilddrüse ausübt.

Da wir es nun bei der Chorea minor bekanntermaßen mit einer reinen Infektionskrankheit zu tun haben von noch unbekannter krank-

heitserregender Noxe und auch die Tatsache seit langem besteht, daß
die Chorea Sydenhami in Beziehungen mit der Pubertät und die choreatischen Bewegungsstörungen, neben der unbekannten Noxe, auf Störungen der inneren Sekretion beruhen — siehe auch Fall 6, 8 und 10
meiner Krankengeschichten, wobei nach Beendigung der Menses jedes-
mal die Bewegungsstörungen deutlich geringer wurden (neben der
Pregl-Therapie) — so ist für das Jod der Angriffspunkt ein doppelter
und die guten Erfolge der Preglschen Jodlösung bei der Chorea minor
erscheinen uns somit verständlich.

Meinem hochverehrten Lehrer Herrn Geheimrat Prof. Dr. *Anton*
sage ich meinen herzlichsten Dank für Überlassung des Themas und
für das hierzu benötigte Material von Krankengeschichten.

Literaturverzeichnis.

[1] *Alzheimer:* Über die Grundlage der Huntingtonschen Chorea und der choreatischen Bewegungen überhaupt. Neurol. Zentralbl. 30, 891. — [2] *Anton, G.:*
Über die Beteiligung der großen basalen Gehirnganglien bei Bewegungsstörungen,
insbesondere bei der Chorea. Jahrb. f. Psychiatrie u. Neurol. 14, 41. — [3] *Babonneix, L.:* Chorea und Syphilis. Zentralbl. f. d. ges. Neurol. u. Psychiatrie 36, 76. —
[4] *Benedek, L.:* Zur Frage der extrapyramidalen Bewegungsstörungen. Zeitschr.
f. Nervenheilk. 78. — [5] *Berger, H.:* Eosinophilie bei Chorea. Zeitschr. f. d. ges.
Neurol. u. Psychiatrie 28, 204. — [6] *Bernuth, F.:* Beitr. z. Luminalbehandl. d.
Chorea minor nebst Bemerkg. über Luminalexantheme. Med. Wochenschr. 1923,
H. 25. — [7] *Bielschowsky, M.:* Einige Bemerkungen zur normalen u. patholog.
Histologie d. Schweif- u. Linsenkernes. Journ. f. Psychol. u. Neurol. 25. — [8] *Bielschowsky, M.:* Weitere Bemerkungen zur normalen u. patholog. Histologie d.
striären Systems. Journ. f. Physiol. u. Neurol. 27. — [9] *Bing, R.:* Lehrbuch der
Nervenkrankheiten 1921. — [10] *Bing, R. u. R. Staehelin:* Katamnestische Er-
hebungen zur Prognose der verschiedenen Formen der Encephalitis epidemica.
Zentralbl. f. d. ges. Neurol. u. Psychiatrie 29, 124. — [11] *Bokay, J.:* Chorea minor
gravissima. Heilung durch intravenöse Neosalvarsaninjektion. Zentralbl. f. d.
ges. Neurol. u. Psychiatrie 34, 119; Der gegenwärtige Stand der Therapie der
Chorea minor. Zentralbl. f. die ges. Neurol. u. Psychiatrie 34, S. 119.— [12] *Bonhoeffer:*
Ein Beitrag z. Lokalisation d. choreatischen Bewegungen. Monatsschr. f. Psychiatrie u. Neurol. 1. — [13] *Bostroem, A. Pollack, Jakob:* Der amyostatische Symptomenkomplex und verwandte Zustände. Zeitschr. f. Nervenheilk. 74. — [14] *Bostroem:* Über eigenartige Hyperkinesen in der Form rhythmisch auftretender,
komplexer Bewegungen. — [15] *Bostroem:* Ungewöhnliche Formen der epidemischen Encephalitis. Zeitschr. f. d. ges. Neurol. u. Psychiatrie 78, 64. —
[16] *Bremme, H.:* Beitrag zur Bindearmchorea. Monatsschr. f. Psychiatrie u.
Neurol. 45. — [17] *Comby:* Traitement de la choréa de Sydenham. Neurol.
Zentralbl. 18. 1899, S. 649. — [18] *Curschmann u. Kramer:* Lehrbuch d. Nervenheilk. 2. Aufl. 1925. — [19] *Endres, J.:* Über Huntingtonsche Chorea. Zeitschr.
f. d. ges. Neurol. u. Psychiatrie 73. — [20] *Esau:* Die Behandlung der Chorea
minor mit Stauungshyperämie. Münch. med. Wochenschr. 1923, H. 25. —
[21] *Eskuchen:* Der Liquor cerebrospinalis bei Encephalitis epidemica. Zeitschr.
f. d. ges. Neurol. u. Psychiatrie 76, 581. — [22] *Filimonoff, J. N.:* Das extrapyramidale motorische System und die metameren Funktionen. Zeitschr. f. d.
ges. Neurol. u. Psychiatrie 88. — [23] *Fiore, G.:* Beitrag z. Kenntnis d. pathol.

Anatomie u. Pathogenese der Sydenhamschen Chorea. Zentralbl. f. d. ges. Neurol. u. Psychiatrie 30, 477/78. — [24]) *Förster, O.:* Zur Analyse u. Pathophysiologie d. striären Bewegungsstörungen. Zeitschr. f. d. ges. Neurol. u. Psychiatrie 73. — [25]) *Forster, E.:* Linsenkern u. psychische Symptome. Monatsschr. f. Psychiatrie u. Neurol. 54. — [26]) *Frumkin, A.:* Die Hyperkinesen nach Encephalitis epidemica. Dissertation. — [28]) *Gerstmann, J.:* Grundsätzliches zur Frage der Akinesen und Hyperkinesen bei Erkrankungen des strio-pallidären Systems. Monatsschr. f. Psychiatrie u. Neurol. 28. — [29]) *Gerstmann, J.* u. *P. Schilder:* Studien über Bewegungsstörungen. Zeitschr. f. d. ges. Neurol. u. Psychiatrie 85. — [30]) *Globus, J. H.:* Über symptomatische Chorea bei Diphtherie. Zeitschr. f. d. ges. Neurol. u. Psychiatrie 85. — [31]) *Grünwald:* Die Encephalitis epidemica. Zentralbl. f. d. ges. Neurol. u. Psychiatrie 25. — [32]) *Hammerstein, G.:* Über einen Fall von Huntingtonscher Chorea, kompliziert durch Trauma. Zeitschr. f. d. ges. Neurol. u. Psychiatrie 62. — [33]) *Harms zum Sprengel:* Chorea degenerativa. Zeitschr. f. d. ges. Neurol. u. Psychiatrie 66. — [33b]) *Jakob, K.:* Über pyramidale und extrapyramidale Symptome bei Kindern und über motorischen Infantilismus. Zeitschr. f. d. ges. Neurol. u. Psychiatrie 89. — [34]) *Hefter, E.:* Nirvanolbehandlung der Chorea minor. Zeitschr. f. Kinderheilk. 38, 403. 1924. — [35]) *Higier:* Zur Differentialdiagnose des akuten und chronischen Stadiums d. sporadischen und epidemischen Encephalitis lethargica und manch. strio-pallidärer Spätsyndrome. Dtsch. med. Wochenschr. 1922, Nr. 38. — [36]) *Hofstedt:* Beitrag zur Encephalitis epidemica im Kindesalter. Zeitschr. f. Kinderheilk. 29. — [37]) *Homburger, A.:* Über die Entwicklung der menschlichen Motorik und ihre Beziehung zu den Bewegungsstörungen der Schizophrenen. Zeitschr. f. d. ges. Neurol. u. Psychiatrie. 78. — [38]) *Husler, J.:* Nirvanol bei Chorea minor. Zeitschr. f. Kinderheilk. 38, 408. — [39]) *Karger:* Die Behandlung choreatischer Kinder mit Bewegungsübungen. Jahrb. f. Kinderheilk. 59. — [40]) *Kleist, K.:* Zur Auffassung der subcorticalen Bewegungsstörungen (Chorea, Athetose, Bewegungsausfall, Starre, Zittern). Arch. f. Psychiatrie u. Nervenkrankh. 59. — [41]) *Kleist, K.:* Die psychomotorischen Störungen und das Verhältnis zu den Motilitätsstörungen bei Erkrankung der Stammganglien. Zentralbl. f. d. ges. Neurol. u. Psychiatrie 28. — [42]) *Lewandowsky, M.* Handbuch der Neurologie 3. — [43]) *Lewy, F. H.:* Das extrapyramidale motorische System, sein Bau, seine Verrichtung und seine Erkrankung. Klin. Wochenschr. Jg. 2, Nr. 5, S. 189—192 u. Nr. 6, S. 237—240. — [44]) *Lewy, F. H.:* Die Histopathologie der choreatischen Erkrankungen. Zeitschr. f. d. ges. Neurol. u. Pathol. 85. — [45]) Zur pathologisch-anatomischen Differentialdiagnose der Paralysis agitans und der Huntingtonschen Chorea. Zeitschr. f. d. ges. Neurol. u. Psychiatrie 73. — [46]) *Lewy, F. H.:* Einteilung der choreatischen Erkrankungen nach pathologisch-anatomischen Gesichtspunkten. Zentralbl. f. d. ges. Neurol. u. Psychiatrie 35, 102. — [47]) *Levy, G.:* Bemerkungen über den choreatischen Symptomenkomplex während der Schwangerschaft. Zentralbl. f. d. ges. Neurol. u. Psychiatrie 40, 574. — [48]) *Leyser, E.:* Zur Frage der senilen Chorea. Zeitschr. f. Nervenheilk. 75. — [49]) *Leyser, E.:* Zur pathol. Anatomie d. senilen Chorea. Zentralbl. f. d. ges. Neurol. u. Psychiatrie 34. — [50]) *Maas, O.:* Fall von operativ behandelter choreatisch-athetoider Bewegungsstörung. Monatsschr. f. Psychiatrie u. Neurol. 49. — [51]) *Maas, O.:* Demonstration eines operativ behandelten Falles von angeborenen choreatisch-athetoiden Bewegungen. Neurol. Zentralbl. 1920, S. 584. — [52]) *Mann, L.:* Über das Wesen der striären oder extrapyramidalen Bewegungsstörung (amyostatischer Symptomenkomplex). Zeitschr. f. d. ges. Neurol. u. Psychiatrie 71. — [53]) *Mann, L.:* Über Störungen des Atmungsmechanismus bei progressiver Huntingtonscher Chorea und anderen striären Erkrankungen. Monatsschr. f. Psychiatrie u. Neurol. 54. — [54]) *Marie, P.* et *Tretiakoff:* Examen histologique des centres nerveux dans un cas de chorée aigné de Sydenham. — Neurol. Zentralbl. 39. — [55]) *Meggendorfer, F.:*

und ihre Behandlung, besonders mit der Preglschen Jodlösung.

Die psychischen Störungen bei der Huntingtonschen Chorea, klinische u. genealog. Untersuchungen. Zeitschr. f. d. ges. Neurol. u. Psychiatrie 87. — [56]) *Meggendorfer, F.*: Eine interessante Huntingtonfamilie (Fall bei Jugendlichen, hyperkinetische und akinetische Formen). Zeitschr. f. d. ges. Neurol. u. Psychiatrie. 92. — [57]) *Meurer*: Ein Fall von Chorea gravidarum. — Zentralbl. f. d. ges. Neurol. u. Psychiatrie 30, 477. — [58]) *Oehmig, O.*: Encephalitis epidemica choreatica. Münch. med. Wochenschr. 1920, H. 23, S. 660. — [59]) *Oppenheim,fH.*: Lehrbuch der Nervenkrankheiten für Ärzte u. Studierende. 2. — [60]) *Penzold* u. *Stintzing*: Erkrankungen des Nervensystems. — [61]) *Peter, C.*: Beitr. z. Klinik u. Pathologie i. Greisenalter. Monatsschr. f. Psychiatrie u. Neurol. 56. — [62]) *Pönitz*: Die intravenöse Behandlung von Nervenkrankh. mit der Preglschen Jodlösung. Münch. med. Wochenschr. 1921, H. 1, S. 10 u. 11. — [63]) *Poulson*: Lehrbuch der Pharmakologie. — [64]) *Rabmer, A. M.*: Über zwei bemerkenswerte Fälle choreiformer Encephalitis epidemica mit vorausgehendem Gehirntrauma und eigenartigen psychischen Störungen. Zeitschr. f. d. ges. Neurol. u. Psychiatrie 89. — [65]) *Rohr, F.*: Endolumbale Behandlung d. Chorea minor mit Eigenserum. Dtsch. med. Wochenschr. Jg. 50, Nr. 18, S. 581, 1924. — [66]) *Rosenhain, E.*: Zur Symptomatologie d. Encephalitis epidemica. Zeitschr. f. d. ges. Neurol. u. Psychiatrie 68. — [67]) *Rosenow, E. C.*: Experimentelle Beobachtungen über die Ätiologie der Chorea. Zentralbl. f. d. ges. Neurol. u. Psychiatrie 36, 76. — [67a]) *Royston, Grandison, D.*: Chorea gravidarum. Zentralbl. f. d. ges. Neurol. u. Psychiatrie 26, 344. — [68]) *Runge, W.*: Die Erkrankungen des extrapyramidalen motorischen Systems. Zentralbl. f. d. ges. Neurol. u. Psychiatrie 40, 570. — [69]) *Salomon, A.*: Neuere Gesichtspunkte zur Ätiologie u. Therapie der Chorea minor. Dtsch. med. Wochenschr. 50, 166/169. — [70]) *Schmal, S.*: Zur Nirvanolbehandlung der Chorea minor. Dtsch. med. Wochenschr. 1925, Nr. 35, S. 1439—1441. — [71]) *Schramm, Fr.*: Zusammenfassende Erfahrungen über die Behandlung d. Nerven- u. Geisteskrankheiten mit der Preglschen Jodlösung. Archiv f. Psychiatrie u. Nervenkrankh. 70. — [72]) *Schnurmann, F.*: Erfolge der üblichen Choreatherapie. Zentralbl. f. d. ges. Neurol. u. Psychiatrie 40, 202. — [73]) *Schuster, J.*: Beitrag zur Histopathol. u. Bakteriologie der Chorea infectiosa. Zeitschr. f. d. ges. Neurol. u. Psychiatrie 59. — [74]) *Spatz, H.*: Zur Anatomie der Zentren des Streifenhügels. Münch. med. Wochenschr. 1921, H. 45, S. 1414—1446. — [75]) *Spatz, H.*: Über Stoffwechseleigentümlichkeiten der Stammganglien. Zeitschr. f. d. ges. Neurol. u. Psychiatrie 78. — [76]) *Spatz, H.*: Über den Eisennachw. im Gehirn, besonders in Zentren d. extrapyramidalen motorischen Systems. Zeitschr. f. d. ges. Neurol. u. Psychiatrie 77. — [77]) *Stern, F.*: Die epidemische Encephalitis. Berlin: Julius Springer 1922. — [78]) *Sterz, G.*: Die funktionelle Organisation des extrapyramidalen Systems und der Prädilektionstypus d. Pyramidenlähmung. Zeitschr. f. Nervenheilk. 68/69. — [79]) Encephalitis epidemica choreatica. Münch. med. Wochenschr. 1920, H. 28, S. 660. — [80]) *Strümpell, A.*: Zur Kenntnis d. sog. Pseudosklerose, d. Wilsonschen Krankheit u. verwandter Krankheitszustände (Der amyostatische Symptomenkomplex). Dtsch. Zeitschr. f. Neurol. 54. — [81]) *Taillens*: Die Lumbalpunktion bei Chorea minor. Zentralbbl. f. d. ges. Neurol. u. Psychiatrie 34, 119. — [82]) *Vogt, C. u. O.*: Zur Lehre d. Erkrankung d. striären Systems. Journ. f. Physiol. u. Neurol. 25. — [83]) *Vogt, C. u. O.*: Erst. Vers. ein. path.-anat. Einteilung striärer Motilitätsstörungen nebst Bemerkungen über seine allgemeine wissenschaftliche Bedeutung. Journ. f. Psychol. u. Neurol. 24. — [84]) *Westphal, A.*: Über doppelseitige Athetose und verwandte Krankheitszustände (striäres Syndrom). Arch. f. Psychiatrie u. Nervenheilk. 60. — [85]) *Zingerle, H.*: Beitrag zur Kenntnis des extrapyramidalen Symptomenkomplexes. Journ. f. Psychol. u. Neurol. 27, 1422.

Lebenslauf.

Am 24. XI. 1896 wurde ich als Sohn des Eisenbahnsekretärs *Karl Brasch* und seiner Ehefrau *Anna* geb. *Krause* zu Rügenwalde a. d. Ostsee geboren und dort nach evangelischer Kirchensitte getauft. Ostern 1905 bis 1912 besuchte ich die Städtische Oberrealschule zu Bitterfeld, von da an bis zum Kriegsausbruch die Städtische Oberrealschule zu Halle. Mit der Reife für Obersekunda trat ich am 24. VIII. 1914 als Kriegsfreiwilliger ins Mansf. Feldart.-Reg. Nr. 75 ein. Ab 17. XI. 1914 bis zum Waffenstillstand ständig an der Westfront — vom Schweizer Zipfel bis hinauf nach Arras — als Artillerist Dienst getan. Am 7. II. 1918 erwarb ich mir die Reife für Prima. Am 21. II. 1919 wurde ich aus dem Heeresdienst entlassen. Am 28. III. 1919 erlangte ich das Kriegsreifezeugnis. In der Revolutions- und Nachkriegszeit hatte ich mich in Halle und München den Regierungstruppen zur Aufrechterhaltung von Ruhe und Ordnung zur Verfügung gestellt. Sommersemester 1919 studierte ich in Berlin Tiermedizin. Wintersemester 1919/20 bis Wintersemester 1921/22 in München dto. Die tierärztliche Approbation erlangte ich am 10. V. 1922 in München. Am 21. VI. 1922 promovierte ich zum Dr. med. vet. ebenda. Ab 1. VII. 1922 bis zu meinem Abbau am 1. V. 1924 hatte ich die dritte Assistentenstelle in der Med. Tierklinik zu München inne. Ab Wintersemester 1922/23 bis Sommersemester 1924 studierte ich Medizin in München, wo ich am 14. V. 1924 die medizinische Vorprüfung bestand. Wintersemester 1924/25 studierte ich in Wien Medizin. Ab Sommersemester 1925 bis Sommersemester 1926 studierte ich in Halle Medizin. Das medizinische Staatsexamen erlangte ich am 9. XII. 1926 in Halle a. Saale.

MIX
Papier aus verantwortungsvollen Quellen
Paper from responsible sources
FSC® C105338

If you have any concerns about our products,
you can contact us on
ProductSafety@springernature.com

In case Publisher is established outside the EU,
the EU authorized representative is:
**Springer Nature Customer Service Center GmbH
Europaplatz 3, 69115 Heidelberg, Germany**

Printed by Libri Plureos GmbH
in Hamburg, Germany